KB056968

에듀윌 제과기능사
휴대용
실　기
공정 노트

사용법

❶ 점선을 따라 자른다. ❷ 순서대로 모은다. ❸ 틈새시간을 활용해 학습한다.

eduwill

쇼트 브레드 쿠키

시험시간 2시간
오븐온도 200℃/160℃

How to Make

본책 P.20

1. 재료를 시간 내에 정확하게 계량한다.
2. 스텐볼에 마가린과 쇼트닝을 넣고 부드럽게 풀어준다.
3. 설탕, 물엿, 소금을 넣고 크림화한다.
4. 달걀과 달걀 노른자를 조금씩 넣으면서 부드럽게 크림화한다.
5. 체질한 가루재료(박력분, 바닐라향)를 넣고 섞는다.
6. 반죽을 한 덩어리로 만든다.
7. 반죽을 비닐에 넣고 치댄다.
8. 비닐에 감싸 20~30분 동안 냉장휴지한다(손가락으로 눌러 자국이 남아 있는 정도).
9. 휴지시킨 반죽을 밀대를 이용하여 0.7~0.8cm의 일정한 두께로 밀어 편다.
10. 반죽이 잘 떨어지게 하기 위해 쿠키틀에 밀가루(계량 외)를 묻힌다.
11. 쿠키틀로 찍어서 팬닝한다.
12. 윗면에 붓으로 노른자(계량 외)를 두 번 바른다.
13. 노른자를 바른 후 마르기 전에 바로 무늬를 만든다.
14. 윗불 200℃, 아랫불 160℃에서 15분 전후로 굽는다.

다쿠와즈

시험시간 1시간 50분
오븐온도 190℃/160℃

How to Make

본책 P.24

1. 재료를 시간 내에 정확하게 계량한다.
2. 가루재료(아몬드분말, 분당, 박력분)를 2회 이상 체질한다.
3. 흰자를 젖은 피크(60%)까지 휘핑한 후 나머지 설탕을 2~3번에 나누어 넣으면서 중간피크 (80~90%) 상태의 머랭을 만든다.
4. 체질한 가루재료(아몬드분말, 분당, 박력분)에 머랭을 넣고 섞는다.
5. 머랭이 조금 남아 있을 때까지만 섞는다.
6. 짤주머니에 반죽을 넣는다.
7. 평철판에 실리콘페이퍼를 깔고 다쿠와즈팬을 올려놓는다.
8. 다쿠와즈팬에 반죽을 짜준다.
9. 스크래퍼(또는 L자형 스패츌러)를 이용하여 윗면을 평평하게 만든다.
10. 분당(계량 외)을 뿌린 후 다쿠와즈팬을 제거한다.
11. 다시 한 번 윗면에 분당을 뿌린다.
12. 윗불 190℃, 아랫불 160℃에서 15~20분 동안 굽는다.
13. 식힌 후 한쪽에 샌드용 크림을 얇게 바르고 2개씩 붙인다.

버터 쿠키

시험시간
2시간

오븐온도
200℃/140℃

How to Make

본책 P.12

❶ 재료를 시간 내에 정확하게 계량한다.
❷ 스텐볼에 버터를 넣고 거품기로 부드럽게 풀어준다.
❸ 설탕, 소금을 넣고 풀어준다.
❹ 달걀을 조금씩 넣으면서 부드러운 크림을 만든다.
❺ 체질한 가루재료(박력분, 바닐라향)를 넣고 가볍게 섞는다.
❻ 가루가 보이지 않을 정도(90%)로 혼합한다.
❼ 짤주머니에 반죽을 넣고 한손으로 중앙을, 다른 손으로 위쪽을 잡으면서 반죽이 위로 새어
　나오지 않게 한다.
❽ 평철판에 별 모양 깍지를 끼운 짤주머니를 이용하여 장미 모양으로 짜준다.
❾ 평철판에 별 모양 깍지를 끼운 짤주머니를 이용하여 8자 모양의 S자로 짜준다.
❿ 윗불 200℃, 아랫불 140℃에서 10~12분 동안 굽는다.

마드레느

시험시간
1시간 50분

오븐온도
180℃/150℃

How to Make

본책 P.16

❶ 재료를 시간 내에 정확하게 계량한다.
❷ 칼(또는 강판)로 레몬껍질을 다져 놓는다.
❸ 중탕으로 버터를 용해한다.
❹ 달걀을 거품이 생기지 않게 풀어준다.
❺ 체질한 가루재료(박력분, 베이킹파우더)에 설탕, 소금, 풀어준 달걀을 넣는다.
❻ 기포가 생기지 않도록 천천히 섞는다.
❼ 다진 레몬껍질을 넣고 섞는다.
❽ 용해한 버터를 넣고 기포가 생기지 않도록 천천히 섞어준다.
❾ 반죽을 비닐로 덮어 실온에서 15~20분 동안 휴지시킨다.
❿ 마드레느팬에 버터(계량 외)를 손(또는 붓)으로 바른다.
⓫ 짤주머니에 반죽을 넣는다(위쪽으로 반죽이 묻지 않도록 한다).
⓬ 짤주머니를 이용하여 반죽을 80% 정도 팬닝한다.
⓭ 윗불 180℃, 아랫불 150℃에서 15분 전후로 굽는다.
⓮ 위에서 아래로 밀면서 팬에서 분리한다.

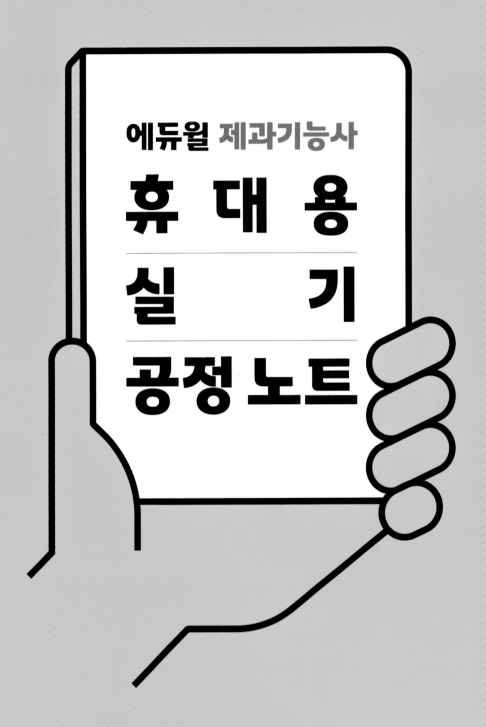

에듀윌 제과기능사

휴대용

실   기

공정 노트

eduwill

마데라(컵) 케이크

 시험시간
2시간

 오븐온도
180℃/160℃

How to Make

본책 P.36

① 재료를 시간 내에 정확하게 계량한다.
② 건포도를 적포도주로 전처리한 후 체에 거른다.
③ 버터를 고속으로 풀어준다.
④ 설탕, 소금을 넣어 크림화한다.
⑤ 믹싱볼 옆면과 바닥면에 붙어 있는 반죽을 긁어 잘 섞이도록 한다.
⑥ 달걀을 조금씩 나누어 넣으면서 부드러운 크림을 만든다.
⑦ 전처리한 건포도와 호두에 소량의 밀가루를 골고루 묻힌다.
⑧ 전처리한 건포도와 호두를 넣고 섞는다.
⑨ 체질한 가루재료(박력분, 베이킹파우더)를 넣고 섞는다.
⑩ 건포도를 전처리하고 체에 걸러놓은 적포도주를 넣고 섞는다.
⑪ 머핀팬에 속지를 넣고 준비한다.
⑫ 짤주머니를 이용하여 머핀팬의 70% 정도 팬닝한 후 윗불 180℃, 아랫불 160℃에서 25~30분 동안 굽는다.
⑬ 분당 80g과 적포도주 시럽 20g을 섞어 퐁당을 만든다.
⑭ 색이 나고 다 익은 상태에서 윗면에 퐁당을 골고루 바른다.
⑮ 오븐에 넣고 2~3분 동안 윗면을 건조시킨 후 꺼낸다.

브라우니

 시험시간
1시간 50분

 오븐온도
170℃/150℃
(이중팬 170℃)

How to Make

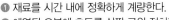

본책 P.40

① 재료를 시간 내에 정확하게 계량한다.
② 예열된 오븐에 호두를 살짝 구워 전처리한다.
③ 다크초콜릿(커버춰)과 버터를 중탕(50℃)으로 녹인다.
④ 달걀을 풀어준 후 설탕과 소금을 넣고 거품기로 골고루 섞는다.
⑤ 중탕으로 용해한 다크초콜릿과 버터에 달걀물을 넣고 섞는다.
⑥ 체질한 가루재료(중력분, 코코아파우더, 바닐라향)를 넣고 섞는다.
⑦ 미리 구워 놓은 호두분태 1/2을 넣고 섞는다.
⑧ 종이를 깔아둔 원형팬 2개에 팬닝하고 윗면을 평평하게 만든다.
⑨ 남은 호두분태 1/2을 윗면에 골고루 뿌려준다.
⑩ 윗불 170℃, 아랫불 150℃(이중팬일 경우 170℃)에서 40~50분 동안 굽는다.

초코 머핀(초코컵 케이크)

시험시간
1시간 50분

오븐온도
180℃/160℃

How to Make

본책 P.44

❶ 재료를 시간 내에 정확하게 계량한다.
❷ 버터를 넣고 고속으로 풀어준 후 설탕, 소금을 나누어 넣으면서 크림화한다.
❸ 믹싱볼 옆면과 바닥면에 붙어 있는 반죽을 긁어 잘 섞이도록 한다.
❹ 달걀을 조금씩 나누어 넣으면서 부드러운 크림을 만든다.
❺ 초코칩을 넣고 섞는다(반죽 전체에 초코칩이 잘 섞이도록 한다).
❻ 체질한 가루재료(박력분, 베이킹소다, 베이킹파우더, 코코아파우더, 탈지분유)와 물을 넣고 믹싱볼 아래에서 위로 털어내듯이 섞는다.
❼ 머핀팬에 속지를 넣어 준비한다.
❽ 짤주머니에 반죽을 넣는다.
❾ 머핀팬에 70% 정도 팬닝한다.
❿ 윗불 180℃, 아랫불 160℃에서 25~30분 동안 굽는다.
⓫ 팬에서 머핀을 분리한다.

버터 스펀지 케이크(공립법)

시험시간
1시간 50분

오븐온도
180℃/160℃

How to Make

본책 P.50

❶ 재료를 시간 내에 정확하게 계량한다.
❷ 달걀을 풀어준 후 설탕과 소금을 넣고 중탕한다(43~50℃ 정도).
❸ 중탕한 달걀을 믹싱볼에 넣어 아이보리색이 날 때까지 고속으로 거품을 올린 후 중속으로 기포를 안정화시킨다.
❹ 버터를 중탕으로 용해한다(60℃ 전후).
❺ 체질한 가루재료(박력분, 바닐라향)를 믹싱볼에 넣는다.
❻ 손가락을 벌려 믹싱볼 아래에서 위로 털어내듯이 섞어준다.
❼ 용해버터에 반죽 일부를 넣고 섞는다.
❽ 용해버터를 섞은 반죽을 나머지 반죽에 넣고 섞는다.
❾ 종이를 깔아둔 원형팬에 비중(0.5±0.05)을 확인한 반죽을 50~60% 정도 팬닝한다.
❿ 고무주걱으로 윗면을 평평하게 한 후 작업대에 내려쳐 충격을 준다.
⓫ 윗불 180℃, 아랫불 160℃에서 25~30분 동안 굽는다.

버터 스펀지 케이크(별립법)

  시험시간
1시간 50분

오븐온도
180℃/160℃

How to Make

본책 P.54

❶ 재료를 시간 내에 정확하게 계량하고, 달걀을 노른자와 흰자로 분리한다(노른자를 넣는 스텐볼이 클 것).
❷ 노른자를 풀어준 후 설탕(A), 소금을 넣어 설탕이 다 녹고 아이보리색이 될 때까지 휘핑한다.
❸ 버터를 중탕으로 용해한다.
❹ 흰자를 젖은 피크(60%)까지 휘핑한 후 설탕(B)을 2~3번에 나누어 넣으면서 중간피크(80~90%) 상태의 머랭을 만든다.
❺ 휘핑한 노른자에 머랭 1/3 정도를 넣고 가볍게 섞는다.
❻ 체질한 가루재료(박력분, 베이킹파우더, 바닐라향)를 넣고 가볍게 섞는다.
❼ 용해버터에 반죽 일부를 넣고 섞는다.
❽ 용해버터를 섞은 반죽을 나머지 반죽에 넣고 섞는다.
❾ 나머지 머랭 2/3를 넣고 섞는다.
❿ 종이를 깔아둔 원형팬에 비중(0.5±0.05)을 확인한 반죽을 50~60% 정도 팬닝한다.
⓫ 고무주걱으로 윗면을 평평하게 한 후 작업대에 내려쳐 충격을 준다.
⓬ 윗불 180℃, 아랫불 160℃에서 30분 전후로 굽는다.

시퐁 케이크(시퐁법)

  시험시간
1시간 40분

오븐온도
180℃/160℃

How to Make

본책 P.58

❶ 재료를 시간 내에 정확하게 계량하고 달걀을 노른자와 흰자로 분리한다(노른자를 넣는 스텐볼이 클 것).
❷ 스프레이를 이용해서 시퐁팬에 물을 뿌려 놓는다.
❸ 시퐁팬을 엎어 놓아 물기를 제거한다.
❹ 노른자와 설탕(A), 소금을 넣고 섞는다.
❺ 스텐볼에 식용유와 물을 넣고 섞는다.
❻ 체질한 가루재료(박력분, 베이킹파우더)를 넣고 섞는다.
❼ 흰자를 젖은 피크(60%)까지 휘핑한 후 설탕(B)을 2~3번에 나누어 넣으면서 중간피크(80%) 상태의 머랭을 만든다.
❽ 머랭을 노른자 반죽에 2~3번 정도 나누어 넣으면서 섞는다.
❾ 비중(0.5±0.05)을 확인한 반죽을 짤주머니에 넣은 후 공기층이 생기지 않도록 돌려 짜면서 60% 정도 팬닝한다.
❿ 윗불 180℃, 아랫불 160℃에서 30분 전후로 구운 후 오븐에서 꺼내어 뒤집어 놓는다.
⓫ 스프레이로 시퐁팬에 물을 뿌려 냉각시킨다.
⓬ 냉각 후 가장자리를 눌러 제품을 분리한다. 시퐁팬을 뒤집어서 위쪽을 손으로 살짝 눌러 제품을 분리한다.
⓭ 시퐁 케이크는 가운데 부분이 연한 갈색이 나고 손가락으로 눌렀을 때 들어가지 않으면 다 익은 것이다.

파운드 케이크

시험시간
2시간 30분

오븐온도
200℃/180℃
>180℃/160℃

How to Make

본책 P.28

① 재료를 시간 내에 정확하게 계량한다.
② 믹싱기에 버터를 넣고 고속으로 풀어준다.
③ 설탕, 소금, 유화제를 2번에 나누어 넣으면서 크림화한다.
④ 달걀을 조금씩 넣으면서 부드러운 크림을 만든다.
⑤ 체질한 가루재료(박력분, 탈지분유, 베이킹파우더, 바닐라향)를 넣고 손가락을 벌려 믹싱볼 아래에서 위로 털어내듯이 섞는다.
⑥ 종이를 깔아둔 파운드틀에 비중(0.8±0.05)을 확인한 반죽을 짤주머니(또는 고무주걱)를 이용하여 틀의 70% 정도 팬닝한다.
⑦ 가운데를 U자형으로 정리한다.
⑧ 윗불 200℃, 아랫불 180℃에서 10~15분 동안 굽는다.
⑨ 오븐에서 꺼내어 고무주걱(또는 칼)에 식용유를 바른 후 양 끝 1cm씩 남기고 가운데를 일자로 자른다.
⑩ 뚜껑을 덮을 경우에는 가운데 식빵 틀 2개를 놓고 철판으로 뚜껑을 덮는다.
⑪ 윗불 180℃, 아랫불 160℃에서 20~30분 동안 굽는다.

과일 케이크

시험시간
2시간 30분

오븐온도
180℃/160℃
(이중팬 180℃)

How to Make

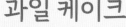

본책 P.32

① 재료를 시간 내에 정확하게 계량하고 달걀을 노른자와 흰자로 분리한다(노른자를 넣는 스텐볼이 클 것).
② 체리를 건포도 크기로 자른 후 물기를 제거한다.
③ 건포도, 오렌지필, 체리를 럼주로 전처리한다.
④ 예열된 오븐에 호두를 살짝 구워 전처리한다.
⑤ 마가린을 풀어준 후 설탕(50%), 소금을 넣고 휘핑한다.
⑥ 노른자를 3~4번에 나누어 넣으면서 크림화한다.
⑦ 흰자를 젖은 피크(60%)까지 휘핑한 후 나머지 설탕을 2~3번에 나누어 넣으면서 중간피크(80~90%) 상태의 머랭을 만든다.
⑧ 전처리한 과일을 체에 밭쳐 럼주를 제거하고 호두와 함께 밀가루를 골고루 묻혀 반죽에 섞는다.
⑨ 머랭 1/3을 넣고 가볍게 섞는다.
⑩ 체질한 가루재료(박력분, 베이킹파우더, 바닐라향)를 넣고 섞는다.
⑪ 우유를 넣고 섞는다.
⑫ 나머지 머랭 2/3를 넣고 섞는다.
⑬ 종이를 깔아둔 파운드틀에 60~70% 팬닝한다.
⑭ 가운데를 평평하게 정리한다.
⑮ 윗불 180℃, 아랫불 160℃(이중팬일 경우 180℃)에서 30~40분 동안 굽는다.

젤리 롤 케이크

본책 P.70

❶ 재료를 시간 내에 정확하게 계량한다.
❷ 달걀을 풀어준 후 설탕을 넣고 중탕한다(43~50℃ 정도).
❸ 중탕한 달걀을 믹싱볼에 넣어 아이보리색이 날 때까지 고속으로 거품을 올린 후 중속으로 기포를 안정화시킨다.
❹ 체질한 가루재료(박력분, 베이킹파우더, 바닐라향)를 넣고 손가락을 벌려 믹싱볼 아래에서 위로 털어내듯이 섞는다.
❺ 우유를 넣고 가볍게 섞는다.
❻ 종이를 깔아둔 평철판에 비중(0.5±0.05)을 확인한 반죽을 팬닝한 후 스크래퍼를 이용하여 윗면을 고르게 편다.
❼ 덜어놓은 일부의 반죽에 캐러멜 색소를 넣어 진한 갈색의 반죽을 만든다.
❽ 비닐 짤주머니에 캐러멜 색소 반죽을 넣어 3cm 간격으로 2/3 지점까지 짜준 후 무늬를 만든다.
❾ 윗불 180℃, 아랫불 160℃에서 20~25분 동안 구운 후 물에 적신 면포에 제품을 뒤집어 놓는다(무늬가 아래로 향하도록).
❿ 스프레이로 물을 뿌려 종이를 제거한다.
⓫ 고무주걱 또는 스패츌러를 이용하여 윗면에 잼을 골고루 바른 후 말기 시작하는 부분을 2cm 간격으로 눌러준다.
⓬ 밀대를 이용하여 앞부분을 눌러 말기를 한다.
⓭ 1/2 지점부터는 힘을 빼고 말기를 한 후 잠시 동안 고정해 둔다.
⓮ 면포를 제거한다.

소프트 롤 케이크

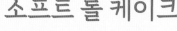
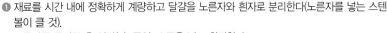

본책 P.74

❶ 재료를 시간 내에 정확하게 계량하고 달걀을 노른자와 흰자로 분리한다(노른자를 넣는 스텐볼이 클 것).
❷ 노른자를 풀어준 후 설탕(A), 물엿, 소금을 넣고 휘핑한다.
❸ 설탕이 다 녹고 연한 노란색이 되면 물을 넣고 섞는다.
❹ 흰자를 젖은 피크(60%)까지 휘핑한 후 설탕(B)을 2~3번에 나누어 넣으면서 중간피크(80~90%) 상태의 머랭을 만든다.
❺ 휘핑한 노른자에 머랭 1/3 정도를 넣고 가볍게 섞는다.
❻ 체질한 가루재료(박력분, 베이킹파우더, 바닐라향)를 넣고 가볍게 섞는다.
❼ 반죽 일부와 식용유를 섞는다.
❽ 식용유를 섞은 반죽과 나머지 머랭 2/3를 넣고 섞는다.
❾ 종이를 깔아둔 평철판에 비중(0.5±0.05)을 확인한 반죽을 팬닝한 후 스크래퍼를 이용하여 윗면을 고르게 편다.
❿ 덜어놓은 일부의 반죽에 캐러멜 색소를 넣어 진한 갈색의 반죽을 만든다.
⓫ 비닐 짤주머니에 캐러멜 색소 반죽을 넣어 3cm 간격으로 2/3 지점까지 짜준 후 무늬를 만든다.
⓬ 윗불 180℃, 아랫불 160℃에서 20분 전후로 구운 후 물에 적신 면포에 제품을 뒤집어 놓고(무늬가 아래로 향하도록) 종이를 제거한다.
⓭ 고무주걱 또는 스패츌러를 이용하여 윗면에 잼을 골고루 바른 후 말기 시작하는 부분을 2cm 간격으로 눌러준다.
⓮ 밀대를 이용하여 앞부분을 눌러 말기를 한다.
⓯ 면포를 제거한다.

타르트

본책 P.78

❶ 재료를 시간 내에 정확하게 계량한다.
❷ 버터를 풀어준 후 설탕과 소금을 넣고 섞는다.
❸ 달걀을 나누어 넣으면서 크림화한다.
❹ 체질한 박력분을 넣고 11자로 섞는다.
❺ 가루가 안 보이면 반죽을 비닐에 넣어 치대고 얇은 네모 모양으로 만든 후 냉장휴지한다.
❻ [❻~❾ 충전물 만들기] 버터를 풀어준 후 설탕을 나누어 넣으면서 섞는다.
❼ 달걀을 나누어 넣으면서 크림화한다.
❽ 체질한 아몬드분말을 넣고 섞는다.
❾ 브랜디를 넣고 섞는다.
❿ [❿~⓯ 제품 만들기] 휴지시킨 반죽을 분할하여 살짝 치댄 후 밀대를 이용하여 0.3cm로 밀어 편다(8개 제조).
⓫ 타르트팬에 맞춰 팬닝한 후 가장자리를 정리하고 포크를 이용하여 바닥에 구멍을 낸다.
⓬ 짤주머니에 원형깍지를 끼우고 충전물(아몬드크림)을 균등하게 짠 후 윗면에 아몬드슬라이스를 뿌린다.
⓭ 윗불 180℃, 아랫불 200℃에서 10분 전후로 구운 후 아랫불을 220℃로 올려 20분 정도 더 굽는다.
⓮ 에프리코트혼당과 물을 끓여 광택제를 만든다.
⓯ 팬에서 제품을 분리한 후 윗면에 광택제를 바른다.

슈

본책 P.82

❶ 재료를 시간 내에 정확하게 계량한다.
❷ 스텐볼에 물과 버터, 소금을 넣고 끓인다.
❸ 불을 끄고 체질한 중력분을 넣는다.
❹ 한 덩어리가 되면 다시 불을 켜서 호화시킨다.
❺ 불에서 내린 후 달걀을 조금씩 나누어 넣으면서 섞는다.
❻ 반죽이 매끈해지고 광택이 나면서 끈기가 생기게 만든다.
❼ 짤주머니에 1cm의 원형깍지를 끼우고 반죽을 넣는다.
❽ 3cm 정도의 원형 모양으로 간격을 일정하게 짠다.
❾ 스프레이를 이용하여 물을 충분히 뿌려준다.
❿ 윗불 180℃, 아랫불 200℃에서 굽다가 약 10분 뒤 팽창된 상태를 확인한 후 아랫불을 160℃로 낮추어 30분 정도 더 굽는다.
⓫ 비닐 짤주머니에 충전용 크림을 넣는다.
⓬ 냉각된 슈의 아랫면에 나무젓가락으로 구멍을 낸다.
⓭ 비닐 짤주머니를 이용하여 충전용 크림을 넣는다.
⓮ 제공된 크림을 골고루 채운다.

호두 파이

본책 P.86

❶ 재료를 시간 내에 정확하게 계량한다.
❷ 찬물에 설탕과 소금을 용해시킨다.
❸ 생크림과 노른자를 풀어서 물에 섞는다.
❹ 작업대에서 체질한 중력분 위에 버터를 올리고 스크래퍼를 이용하여 콩알만 한 크기로 다진다.
❺ 반죽 가운데를 우물처럼 만든 후 혼합한 재료를 넣고 스크래퍼로 섞는다.
❻ 반죽을 한 덩어리로 만든 후 비닐에 감싸 30분 정도 냉장휴지한다.
❼ [❼~❿ 충전물 만들기] 예열된 오븐에 호두를 살짝 구워 전처리한다.
❽ 스텐볼에 물, 설탕, 계핏가루, 물엿을 넣은 후 설탕이 완전히 녹을 때까지 중탕한다.
❾ 기포가 생기지 않도록 달걀을 풀어준 후 섞는다.
❿ 완성된 충전물을 체를 이용하여 거른 후 스텐볼의 크기에 맞게 자른 위생지를 덮어 기포를 제거한다.
⓫ [⓫~⓯ 제품 만들기] 팬에 버터(계량 외)를 바른 후 밀가루(계량 외)를 묻혀 놓는다.
⓬ 휴지시킨 반죽을 밀어 편 후 팬에 올리고 옆 가장자리 반죽을 스크래퍼를 이용하여 잘라낸다.
⓭ 손가락을 이용하여 물결 모양으로 정형한다.
⓮ 전처리한 호두를 팬에 나누어 넣은 후 충전물을 고르게 넣는다.
⓯ 윗불 180℃, 아랫불 200℃에서 30~40분 동안 굽는다.

흑미롤케이크(공립법)

본책 P.90

❶ 재료를 시간 내에 정확하게 계량한다.
❷ 달걀을 풀어준 후 설탕과 소금을 넣고 중탕한다(43℃).
❸ 중탕한 달걀을 믹싱볼에 넣어 아이보리색이 날 때까지 고속으로 거품을 올린 후 중속으로 기포를 안정화시킨다.
❹ 우유를 미지근하게 중탕한다(50℃).
❺ 체질한 가루재료(박력쌀가루, 흑미쌀가루, 베이킹파우더)를 넣고 섞는다.
❻ 중탕한 우유를 넣고 섞는다.
❼ 종이를 깔아둔 평철판에 반죽온도 25℃, 비중(0.5±0.05)을 확인한 반죽을 팬닝한다.
❽ 스크래퍼를 이용하여 윗면을 평평하게 한 후 윗불 180℃, 아랫불 160℃에서 25~30분 동안 굽는다.
❾ 식힘망에서 냉각시킨다.
❿ 생크림을 거품기로 믹싱한다.
⓫ 물에 적신 면포를 준비하여 제품을 뒤집은 후 종이를 제거한다.
⓬ 구운 윗면에 생크림을 고르게 펴바른다.
⓭ 말기 시작하는 부분을 2cm 간격으로 눌러준 후 밀대로 말아준다.
⓮ 밀대를 이용하여 앞부분을 눌러 말아 원형이 잘 유지되도록 한다.

치즈 케이크

⏰ 시험시간
2시간 30분

🔲 오븐온도
150℃/150℃

How to Make

본책 P.62

❶ 재료를 시간 내에 정확하게 계량하고 달걀을 노른자와 흰자로 분리한다.
❷ 팬에 버터(계량 외)를 바른 후 설탕(계량 외)을 묻혀 놓는다.
❸ 크림치즈를 풀어준 후 버터를 넣고 유연하게 한다.
❹ 설탕(A)을 넣고 풀어준다.
❺ 노른자를 넣고 크림화한다.
❻ 우유, 럼주, 레몬주스, 체질한 중력분을 넣고 섞는다.
❼ 흰자에 설탕(B)을 넣고 섞는다.
❽ 중간피크(70%)의 머랭을 완성한다.
❾ 완성된 노른자 반죽에 머랭 1/2을 넣고 섞는다.
❿ 나머지 머랭을 넣고 가볍게 섞어 마무리한다.
⓫ 비중(0.7±0.05)을 확인한 반죽을 짤주머니에 넣은 후 버터와 설탕을 바른 팬에 80% 정도 팬닝한다.
⓬ 평철판의 1/3 정도 물을 넣은 후 반죽이 담긴 팬을 넣고 윗불 150℃, 아랫불 150℃에서 50분 전후로 굽는다.
⓭ 팬을 뒤집어 제품을 뺀다.
⓮ 일정한 간격으로 담아낸다.

초코 롤 케이크

⏰ 시험시간
1시간 50분

🔲 오븐온도
190℃/160℃
(이중팬 180℃)

How to Make

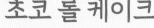

본책 P.66

❶ 재료를 시간 내에 정확하게 계량한다.
❷ 달걀을 풀어준 후 설탕을 넣고 중탕한다(43~50℃ 정도).
❸ 중탕한 달걀을 믹싱볼에 넣어 아이보리색이 날 때까지 고속으로 거품을 올린 후 중속으로 기포를 안정화시킨다.
❹ 스텐볼에 반죽을 옮겨 물과 우유를 넣고 섞는다.
❺ 체질한 가루재료(박력분, 코코아파우더, 베이킹소다)를 넣고 섞는다.
❻ 종이를 깔아둔 평철판에 비중(0.5±0.05)을 확인한 반죽을 팬닝한 후 윗불 190℃, 아랫불 160℃(이중팬일 경우 180℃)에서 10~15분 동안 굽는다.
❼ [❼~❾ 충전물 만들기] 다크커버춰를 중탕으로 녹여 가나슈를 제조한다(45~50℃ 정도).
❽ 생크림을 데워서 섞는다.
❾ 가나슈 온도가 40℃가 되면 럼주를 넣고 섞는다.
❿ [❿~⓬ 제품 만들기] 물에 적신 면포를 준비하여 제품을 뒤집은 후 종이를 제거한다.
⓫ 구운 윗면에 가나슈를 고르게 바르고 말기 시작하는 부분을 2cm 간격으로 눌러준 후 밀대로 말아준다.
⓬ 밀대를 이용하여 앞부분을 눌러 말아 원형이 잘 유지되도록 한다.

5

에듀윌과 함께 시작하면,
당신도 합격할 수 있습니다!

식품을 전공하고
실전에도 경력을 쌓고 싶은 대학생

취미로 시작해
요리로 미래를 꿈꾸는 직장인

은퇴 후 제2의 인생을 위해
모두 잠든 시간에 책을 펴는 미래의 사장님

누구나 합격할 수 있습니다.
시작하겠다는 '다짐' 하나면 충분합니다.

마지막 페이지를 덮으면

에듀윌과 함께
합격의 길이 시작됩니다.

eduwill

에듀윌로 합격한 찐! 합격스토리

이○나 합격생

에듀윌 덕분에, 조리기능사 필기가 쉬워졌어요!

저는 실기는 자신 있었는데, 필기가 너무 힘들었어요. 공부할 시간까지 없어서 더 막막했는데 초단기끝장으로 4일 만에 합격했어요! 우선 이 책은 나오는 부분만, 표 위주로 구성되어 있고 테마가 끝난 후에는 바로 문제가 나와서 공부하기 편했어요. 어려운 테마에는 QR코드를 찍으면 나오는 짧은 토막강의가 있는데, 저에게는 이 강의가 정말 도움이 많이 되었어요. 쉽게 외울 수 있는 방법도 알려주시고, 이해가 안 되는 부분은 원리를 잘 설명해 주셔서 토막강의가 있는 테마는 책으로 따로 공부하지 않고 이동하면서 강의만 반복적으로 들었어요. 시험 당일에는 휴대폰으로 모의고사 3회만 계속 보았는데 여기에서 비슷한 문제가 많이 나왔어요! 덕분에 생각지도 못한 고득점으로 합격했네요! 에듀윌에 정말 감사드려요~

이○민 합격생

제과 · 제빵기능사 합격의 지름길, 에듀윌

한 번에, 일주일이라는 단기간에 합격했어요. 시간 여유가 없는 직장인에게는 단기간 합격이 제일 중요하죠! 생소한 단어들도 많고, 양도 많아서 막막했지만 단원마다 정리되어 있는 '핵심 키워드'와 '합격팁'으로 집중적으로 공부할 수 있었습니다. 이해하기 어려운 부분은 에듀윌에서 무료로 제공해 주는 동영상 강의로 해결했어요. 개념 정리뿐만 아니라 기출문제를 통한 복습, 무료특강 그리고 '핵심집중노트'까지, 그 중에 '핵심집중노트'는 시험 보기 전에 꼭 보세요! 핵심집중노트 딱 3번만 정독하시면 무조건 합격이에요. 여러분도 합격의 지름길, 에듀윌로 시작하세요.

김○정 합격생

에듀윌 필기끝장 한 권으로 단기 합격!

조리학과 전공이 아니라서 관련된 지식이 아예 없는 상태였습니다. 제과·제빵 학원을 다니면서도 이론이 어렵고 막막했는데, 에듀윌 강의를 보면서 개념을 정리하고 기출문제를 풀면서 틀린 문제는 오답정리하면서 이해할 수 있었습니다. 책 안에 중간 중간에 있는 인생명언으로 긍정적인 에너지를 얻어 공부에 더 집중할 수 있었습니다. 간편하게 들고 다니기 편한 핵심집중노트로 시험보기 직전에 머릿속 내용들을 정리할 수 있어서 좋은 결과로 합격을 했던 것 같습니다. 일을 다니면서 공부 시간이 많이 부족하고 짧았지만 에듀윌 책은 초보 입문자들도 쉽게 이해하기 편하게 정리가 잘되어 있어서 제과·제빵기능사 필기를 빠르게 합격할 수 있었습니다. 감사합니다! 제과·제빵을 처음 공부하시는 분들께 에듀윌 문제집 강력 추천입니다.^^

다음 합격의 주인공은 당신입니다!

처음에는 당신이 원하는 곳으로
갈 수는 없겠지만,
당신이 지금 있는 곳에서
출발할 수는 있을 것이다.

– 작자 미상

차례
CONTENTS

2024

에듀윌
제과기능사

실기끝장

eduwill

저자 소개
INTRODUCE

오명석 대한민국 제과기능장

- 한국산업인력공단 제과 · 제빵기능사 실기 감독위원
- 한국산업인력공단 제과기능장 실기 감독위원
- 세종대학교 조리외식경영학과 박사
- 현)신안산대학교 호텔제과제빵과 교수
- 세종대학교 외래교수
- 신안산대학교 겸임교수
- 강동대학교 호텔조리제빵과 교수

장다예 대한민국 제과기능장

- 한국산업인력공단 제과 · 제빵기능사 실기 감독위원
- 건국대학교 농축대학원 석사
- 프랑스 에꼴르노뜨르 디플롬 수료
- 파리크라상 근무
- 강동대학교 겸임교수

박진홍

- 그린하우스 과자점 근무
- WalMart 베이커리 사업부 근무
- 현대호텔관광직업전문학교 교사
- 경기직업전문학교 교사
- 명성직업전문학교 교사
- 디엔엠직업전문학교 교사
- 제기동 식빵 대표

누구나 쉽게 따라할 수 있는
자세한 제과기능사 실기 합격 레시피!

제과 · 제빵 문화가 우리나라에 들어온 지 100여 년 만에 눈부신 성장과 발전을 하였습니다. 우리나라도 간편하게 이용할 수 있는 식품과 외식 문화가 빠르게 형성되고 있으며, 이에 제과 · 제빵의 이론과 기능을 습득하고자 하는 사람들이 날로 늘어나고 있습니다.

본 교재는 이러한 변화에 맞추어 제과 · 제빵에 입문하고자 하는 사람들과 미래의 베이커리 산업을 이끌어 갈 학생들이 좀 더 쉽고 친숙하게 제과 · 제빵이라는 학문을 접할 수 있도록 각 단원의 내용을 요약 · 정리하여 설명하였고, 제과 · 제빵기능사 자격증을 취득할 수 있도록 집필하였습니다.

저자는 오랜 시간 동안 제과 · 제빵 산업에 몸담고 있으면서, 풍부한 현장 경험과 학원 · 대학교의 강의 경험, 제과 · 제빵기능사 실기 감독위원 경험을 바탕으로 본서가 합격의 지침서가 될 수 있도록 구성하였습니다.

앞으로 제과 · 제빵 산업에 종사하게 될 많은 분들이 이 교재를 통하여 기초를 다져 먼 훗날 제과 · 제빵의 귀중한 기술인이 되시기를 바라며, 모든 분들께 합격의 그날이 오기를 바랍니다.

저자 일동

시험안내
INFORMATION

시행기관

한국산업인력공단(http://q-net.or.kr)

시험 응시 절차

| 필기 원서접수 |
· 사진(6개월 이내에 촬영한 3.5cm×4.5cm, 120×160픽셀의 JPG 파일) 첨부
· 시험 응시료 수수료 14,500원 전자 결제
· 시험장소 본인 선택(선착순)

| 필기 시험 |
· 수험표, 신분증, 필기구 준비
· CBT형(시험 종료 즉시 합격 여부 발표)/시험시간 60분

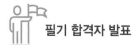 **필기 합격자 발표**

| 실기 원서접수 |
· 사진(6개월 이내에 촬영한 3.5cm×4.5cm, 120×160픽셀의 JPG 파일) 첨부
· 시험 응시료 수수료 29,500원 전자 결제
· 시험장소 본인 선택(선착순)

| 실기 시험 |
· 수험표, 신분증, 수험자 지참 준비물 준비
· 작업형/시험시간 2~4시간(과제별로 상이)

 최종 합격자 발표

| 자격증 발급 |
[인터넷] 공인인증 등을 통해 발급, 택배 가능
[방문 수령] 신분 확인서류 필요

환불 기준

적용기간	접수기간 중	접수기간 후	회별 시험 시작 4일 전	회별 시험 시작일
환불 적용률	100%	50%	취소 및 환불 불가	

★ 실기시험의 환불 기준일은 수험자가 접수한 시험일이 아닌, 회별 시험의 시행 시작일입니다.
★ 가상계좌의 경우 취소 후 환불되기까지 약 2~7일 정도 소요됩니다.
★ 환불 결과는 별도로 통보되지 않습니다.

개인위생기준

재료명	규격	기준
위생복	흰색 (상하의)	· 기관 및 성명 등의 표식이 없을 것 · 흰색 하의는 흰색 앞치마로 대체 가능하나, 화상 등의 안전사고 방지를 위하여 앞치마 안의 하의가 반바지, 짧은 치마 등 부적합한 복장일 경우는 감점처리
위생모	흰색	· 기관 및 성명 등의 표식이 없을 것 · 흰색 머릿수건으로 대체 가능하나, 일반 제과점에서 통용되는 위생모, 머릿수건이 아닌 경우는 감점처리 ※ 위생모가 아닌 흰색 비니모자, 털모자 등은 감점처리
신발	작업화	· 기관 및 성명 등의 표식이 없을 것 · 미끄러짐 및 화상의 위험이 있는 슬리퍼류, 작업에 방해가 되는 굽이 높은 구두(하이힐), 제과점에서 통용되는 작업화가 아닌 경우는 감점처리 ※ 속굽있는 운동화 등은 감점처리
장신구		이물, 교차오염 등의 원인이 되는 장신구 착용 금지(귀걸이, 시계, 팔찌, 반지 등)
두발		머리카락이 길 경우, 머리카락이 흘러내리지 않도록 단정히 묶거나 머리망을 착용하여야 하며, 위생적이지 못할 경우 감점처리
손톱		청결해야 하며, 오염될 수 있는 매니큐어 등은 감점처리

지참 준비물

계산기, 고무주걱, 국자, 나무주걱, 보자기, 분무기, 붓, 실리콘페이퍼, 오븐장갑, 온도계, 위생모, 위생복, 자, 작업화, 주걱, 짤주머니, 커터칼, 행주, 흑색 또는 청색 필기구

★ 개인용 저울, 재료계량 용도의 소도구 사용 가능

NCS 안내

분류	세부항목
제과 기능사	01. 과자류 제품개발 ∣ 02. 과자류 제품재료 혼합 ∣ 03. 과자류 제품반죽 정형 04. 과자류 제품반죽 익힘 ∣ 05. 과자류 제품포장 ∣ 06. 과자류 제품저장 유통 07. 과자류 제품품질 관리 ∣ 08. 과자류 제품위생 ∣ 09. 과자류 제품재료 구매 관리 10. 매장 관리 ∣ 11. 베이커리 경영 ∣ 12. 과자류 제품생산 작업 준비 13. 초콜릿 제품 만들기 ∣ 14. 찹쌀떡 화과자 만들기 ∣ 15. 장식 케이크 만들기 16. 무스 케이크 만들기

구성과 특징
STRUCTURE

거품형 케이크류

초코 롤 케이크

❶ 시험시간
1시간 50분

반죽 - 공립법

오븐온도
190℃/160℃(이중팬 180℃)

❷ How to Make

배 합 표	비율(%)	재료명	무게(g)
	100	박력분	168
	285	달걀	480
	128	설탕	216
	21	코코아파우더	36
	1	베이킹소다	2
	7	물	12
	17	우유	30
	559	계	944

※ 충전용 재료는 계량시간에서 제외

비율(%)	재료명	무게(g)
119	다크커버춰	200
119	생크림	200
12	럼주	20

요구사항

초코 롤 케이크를 제조하여 제출하시오.

❶ 배합표의 각 재료를 계량하여 재료별로 진열하시오(7분).
- 재료계량(재료당 1분) → [감독위원 계량 확인] → 작품제조 및 정리정돈(전체 시험시간−재료계량시간)
- 재료계량시간 내에 계량을 완료하지 못하여 시간이 초과된 경우나 계량을 잘못한 경우는 추가의 시간 부여 없이 작품제조 및 정리정돈 시간을 활용하여 요구사항의 무게대로 계량
- 달걀의 계량은 감독위원이 지정하는 개수로 계량

❷ 반죽은 공립법으로 제조하시오.
❸ 반죽온도는 24℃를 표준으로 하시오.
❹ 반죽의 비중을 측정하시오.
❺ 제시한 철판에 알맞도록 팬닝하시오.
❻ 반죽은 전량을 사용하시오.
❼ 충전용 재료는 가나슈를 만들어 제품에 전량 사용하시오.
❽ 시트를 구운 윗면에 가나슈를 바르고, 원형이 잘 유지되도록 말아 제품을 완성하시오(반대 방향으로 롤을 말면 성형 및 제품평가 해당 항목 감점).

❸ 주요공정
Check

업 > 반죽 중 > 굽기 중

- 평철판에 종이 깔기
- 가루 체질
- 비중 컵 물 무게 계량
- 젖은 면포, 밀대 스프레이 준비
- 가나슈 계량
- 타공팬 준비

67

❶ 시험시간, 반죽방법, 오븐온도를 한눈에 확인할 수 있다.

❷ 시험 과제별 무료강의를 QR코드로 바로 수강할 수 있다.

※ 동영상 강의는 에듀윌 도서몰에서 '제과제빵기능사'를 검색하여
서도 시청 가능합니다.

❸ 세부 공정을 보기 전, 주요 공정을 정리할 수 있다.

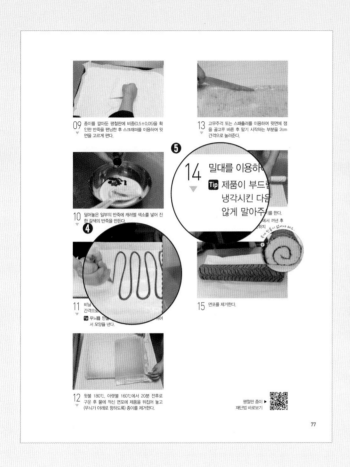

❹ 사진과 상세한 설명을 통해 연습할 수 있다.

❺ 합격을 위한 팁을 수록하여 실수를 줄일 수 있다.

에듀윌만의 **특별제공**

프리미엄 무료강의

무료강의 수강 방법

방법1. 모바일로 교재 내 **QR코드**를 찍는다.

방법2. 유튜브 '에듀윌 자격증' 채널에서
'**제과제빵기능사**'를 검색한다.

방법3. 에듀윌 도서몰 〉 로그인 및 회원가입 〉 동영상
강의실에서 '**제과제빵기능사**'를 검색한다.

휴대용 실기 공정노트

들고 다니면서 공정 순서를 암기할 수 있다.

수 험 자
유의사항

❶ 항목별 배점은 제조공정 55점, 제품평가 45점이며, 요구사항 외의 제조방법 및 채점기준은 비공개입니다.

❷ 시험시간은 재료 전처리 및 계량시간, 제조, 정리정돈 등 모든 작업과정이 포함된 시간입니다(감독위원의 계량 확인 시간은 시험시간에서 제외).

❸ 수험자 인적사항은 검정색 필기구만 사용하여야 합니다. 그 외 연필류, 유색 필기구, 지워지는 펜 등은 사용이 금지됩니다.

❹ 시험 전 과정 위생수칙을 준수하고 안전사고 예방에 유의합니다.

> • 시작 전 간단한 가벼운 몸 풀기(스트레칭) 운동을 실시한 후 시험을 시작하십시오.
> • 위생복장의 상태 및 개인위생(장신구, 두발·손톱의 청결 상태, 손 씻기 등)의 불량 및 정리정돈 미흡 시 위생항목 감점처리됩니다.

❺ 다음 사항은 실격에 해당하여 채점 대상에서 제외됩니다.

> • 수험자 본인이 수험 도중 시험에 대한 포기 의사를 표현하는 경우
> • 위생복 상의, 위생복 하의(또는 앞치마), 위생모, 마스크 중 1개라도 착용하지 않은 경우
> • 시험시간 내에 작품을 제출하지 못한 경우
> • 수량(미달), 모양을 준수하지 않았을 경우
>   – 지정된 수량 초과, 과다 생산의 경우는 총점에서 10점을 감점합니다.
>   – 수량은 시험장 팬의 크기 등에 따라 감독위원이 조정하여 지정할 수 있으며, 잔여 반죽은 감독위원의 지시에 따라 별도로 제출하시오. (단, '0개 이상'으로 표기된 과제는 제외합니다.)
>   – 반죽 제조법(공립법, 별립법, 시퐁법 등)을 준수하지 않은 경우는 제조공정에서 반죽 제조 항목(과제별 배점 5~6점 정도)을 0점 처리하고, 총점에서 10점을 추가 감점합니다.
> • 상품성이 없을 정도로 타거나 익지 않은 경우
> • 지급된 재료 이외의 재료를 사용한 경우
> • 시험 중 시설·장비의 조작 또는 재료의 취급이 미숙하여 위해를 일으킬 것으로 감독위원 전원이 합의하여 판단한 경우

❻ 의문 사항이 있으면 감독위원에게 문의하고, 감독위원의 지시에 따릅니다.

버터 쿠키

	시험시간		반죽방법		오븐온도
	2시간		반죽형 쿠키 – 크림법		200℃/140℃

How to Make

배 합 표

비율(%)	재료명	무게(g)
100	박력분	400
70	버터	280
50	설탕	200
1	소금	4
30	달걀	120
0.5	바닐라향	2
251.5	계	1,006

요구사항

버터 쿠키를 제조하여 제출하시오.

❶ 배합표의 각 재료를 계량하여 재료별로 진열하시오(6분).

- 재료계량(재료당 1분) → [감독위원 계량 확인] → 작품제조 및 정리정돈(전체 시험시간−재료계량시간)
- 재료계량시간 내에 계량을 완료하지 못하여 시간이 초과된 경우 및 계량을 잘못한 경우는 추가의 시간 부여 없이 작품제조 및 정리정돈 시간을 활용하여 요구사항의 무게대로 계량
- 달걀의 계량은 감독위원이 지정하는 개수로 계량

❷ 반죽은 크림법으로 수작업하시오.
❸ 반죽온도는 22℃를 표준으로 하시오.
❹ 별 모양 깍지를 끼운 짤주머니를 사용하여 2가지 모양짜기를 하시오(8자, 장미 모양).
❺ 반죽은 전량을 사용하여 성형하시오.

주요공정
Check

사전 작업   >   굽기 중

- 오븐 예열
- 가루 합친 후 체질
- 짤주머니, 별 모양 깍지 준비

- 타공팬 준비

01 재료를 시간 내에 정확하게 계량한다.

02 스텐볼에 버터를 넣고 거품기로 부드럽게 풀어
   준다.

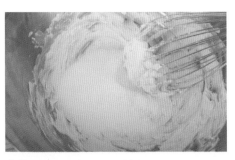

03 설탕, 소금을 넣고 풀어준다.
   Tip 크림화할 때 설탕이 너무 많이 녹지 않도록
   휘핑한다(약간의 퍼짐성을 이용).

04 달걀을 조금씩 넣으면서 부드러운 크림을 만든
   다.

05 체질한 가루재료(박력분, 바닐라향)를 넣고 가볍
   게 섞는다.
   Tip 가루재료를 섞을 때는 글루텐이 형성되는
   것을 방지하기 위해 많이 섞지 않는다.

06 가루가 보이지 않을 정도(90%)로 혼합한다.

07 짤주머니에 반죽을 넣고 한손으로 중앙을, 다른
   손으로 위쪽을 잡으면서 반죽이 위로 새어 나오
   지 않게 한다.

08 평철판에 별 모양 깍지를 끼운 짤주머니를 이용
   하여 장미 모양으로 짜준다.
   Tip 일정한 모양, 크기, 두께, 간격으로 성형한다.

09 평철판에 별 모양 깍지를 끼운 짤주머니를 이용
하여 8자 모양의 S자로 짜준다.
Tip 일정한 모양, 크기, 두께, 간격으로 성형한다.

10 윗불 200℃, 아랫불 140℃에서 10~12분 동안
굽는다.
Tip 쿠키 밑색이 진해지지 않도록 오븐의 온도
조절에 주의한다.

마드레느

시험시간
1시간 50분

반죽방법
1단계법 - 변형 반죽법

오븐온도
180℃/150℃

How to Make

비율(%)	재료명	무게(g)
100	박력분	400
2	베이킹파우더	8
100	설탕	400
100	달걀	400
1	레몬껍질	4
0.5	소금	2
100	버터	400
403.5	계	1,614

요구사항

마드레느를 제조하여 제출하시오.

❶ 배합표의 각 재료를 계량하여 재료별로 진열하시오(7분).

- 재료계량(재료당 1분) → [감독위원 계량 확인] → 작품제조 및 정리정돈(전체 시험시간−재료계량시간)
- 재료계량시간 내에 계량을 완료하지 못하여 시간이 초과된 경우 및 계량을 잘못한 경우는 추가의 시간 부여 없이 작품제조 및 정리정돈 시간을 활용하여 요구사항의 무게대로 계량
- 달걀의 계량은 감독위원이 지정하는 개수로 계량

❷ 마드레느는 수작업으로 하시오.
❸ 버터를 녹여서 넣는 1단계법(변형 반죽법)을 사용하시오.
❹ 반죽온도는 24℃를 표준으로 하시오.
❺ 실온에서 휴지를 시키시오.
❻ 제시된 팬에 알맞은 반죽 양을 넣으시오.
❼ 반죽은 전량을 사용하여 성형하시오.

주요공정 Check

 사전 작업 > 휴지 중 굽기 중

- 오븐 예열
- 가루 합친 후 체질
- 중탕 준비

- 팬에 유지 바르기
- 짤주머니, 원형깍지 준비

- 타공팬 준비

01 재료를 시간 내에 정확하게 계량한다.

02 칼(또는 강판)로 레몬껍질을 다져 놓는다.

03 중탕으로 버터를 용해한다.

04 달걀을 거품이 생기지 않게 풀어준다.

05 체질한 가루재료(박력분, 베이킹파우더)에 설탕, 소금, 풀어준 달걀을 넣는다.

06 기포가 생기지 않도록 천천히 섞는다.

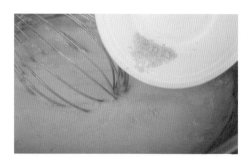

07 다진 레몬껍질을 넣고 섞는다.

08 용해한 버터를 넣고 기포가 생기지 않도록 천천히 섞어준다.

제과기능사 — 마드레느

09 반죽을 비닐로 덮어 실온에서 15~20분 동안 휴지시킨다.

Tip 휴지시간에 팬을 준비한다.

10 마드레느팬에 버터(계량 외)를 손(또는 붓)으로 바른다.

11 짤주머니에 반죽을 넣는다(위쪽으로 반죽이 묻지 않도록 한다).

12 짤주머니를 이용하여 반죽을 80% 정도 팬닝한다.

13 윗불 180℃, 아랫불 150℃에서 15분 전후로 굽는다.

Tip 제품의 윗면이 터질 수 있으므로 너무 높은 온도에서 굽지 않는다.

14 위에서 아래로 밀면서 팬에서 분리한다.

쇼트 브레드 쿠키

 시험시간
2시간

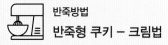 **반죽방법**
반죽형 쿠키 – 크림법

 **오븐온도**
200℃/160℃

How to Make

비율(%)	재료명	무게(g)
100	박력분	500
33	마가린	165(166)
33	쇼트닝	165(166)
35	설탕	175(176)
1	소금	5(6)
5	물엿	25(26)
10	달걀	50
10	달걀 노른자	50
0.5	바닐라향	2.5(2)
227.5	계	1,137.5(1,142)

요구사항

쇼트 브레드 쿠키를 제조하여 제출하시오.

❶ 배합표의 각 재료를 계량하여 재료별로 진열하시오(9분).

- 재료계량(재료당 1분) → [감독위원 계량 확인] → 작품제조 및 정리정돈(전체 시험시간−재료계량시간)
- 재료계량시간 내에 계량을 완료하지 못하여 시간이 초과된 경우 및 계량을 잘못한 경우는 추가의 시간 부여 없이 작품제조 및 정리정돈 시간을 활용하여 요구사항의 무게대로 계량
- 달걀의 계량은 감독위원이 지정하는 개수로 계량

❷ 반죽은 수작업으로 하여 크림법으로 제조하시오.

❸ 반죽온도는 20℃를 표준으로 하시오.

❹ 제시한 정형기를 사용하여 두께 0.7∼0.8cm, 지름 5∼6cm(정형기에 따라 가감) 정도로 정형하시오.

❺ 제시한 2개의 팬에 전량 성형하시오(단, 시험장 팬의 크기에 따라 감독위원이 별도로 지정할 수 있음).

❻ 달걀 노른자칠을 하여 무늬를 만드시오.

※ 달걀은 총 7개를 사용하며, 달걀 크기에 따라 감독위원이 가감하여 지정할 수 있다.
  - 배합표 반죽용 4개(달걀 1개＋노른자용 달걀 3개)
  - 달걀 노른자칠용 달걀 3개

주요공정 Check

사전 작업 > 휴지 중 > 굽기 중

- 오븐 예열
- 가루 합친 후 체질
- 달걀 1개＋노른자 3개 합치기
- 비닐 준비

- 밀대, 쿠키틀, 포크 준비
- 배합표 외 노른자 3개 분리
- 붓 준비
- 덧가루 준비

- 타공팬 준비

01 재료를 시간 내에 정확하게 계량한다.

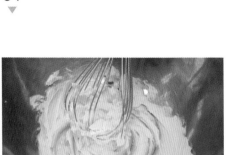

02 스텐볼에 마가린과 쇼트닝을 넣고 부드럽게 풀어준다.

03 설탕, 물엿, 소금을 넣고 크림화한다.

04 달걀과 달걀 노른자를 조금씩 넣으면서 부드럽게 크림화한다.

Tip 크림화를 너무 많이 하면 반죽이 질어진다.

05 체질한 가루재료(박력분, 바닐라향)를 넣고 섞는다.

Tip 가루재료를 섞을 때 많이 치대면 글루텐이 형성되어 쿠키가 단단해진다.

06 반죽을 한 덩어리로 만든다.

07 반죽을 비닐에 넣고 치댄다.

08 비닐에 감싸 20~30분 동안 냉장휴지한다(손가락으로 눌러 자국이 남아 있는 정도).

Tip 시험시간이 부족할 수 있으므로 휴지시간이 너무 길어지지 않도록 주의한다.

제과기능사 — 쇼트 브레드 쿠키

09 휴지시킨 반죽을 밀대를 이용하여 0.7~0.8cm
의 일정한 두께로 밀어 편다.

Tip 덧가루를 많이 사용하면 완제품에서 밀가루
맛이 나고 줄무늬가 생긴다.

10 반죽이 잘 떨어지게 하기 위해 쿠키틀에 밀가루
(계량 외)를 묻힌다.

11 쿠키틀로 찍어서 팬닝한다.

Tip 파지를 최소화할 수 있도록 사이사이에 찍는다.
최대한 2팬에 팬닝하여 굽는 시간을 줄이는 것
이 좋다.

12 윗면에 붓으로 노른자(계량 외)를 두 번 바른다.

Tip 전체에 한 번 바른 후 다시 한 번 덧바른다.

13 노른자를 바른 후 마르기 전에 바로 무늬를 만
든다.

Tip 무늬의 모양은 감독위원의 지시를 따른다.

14 윗불 200℃, 아랫불 160℃에서 15분 전후로 굽
는다.

Tip 제출하기 전에 마른 행주로 윗면을 살짝 문지
르면 광택이 난다.

다쿠와즈

 시험시간
1시간 50분

 반죽방법
거품형 쿠키 – 머랭법

오븐온도
190℃/160℃

How to Make

비율(%)	재료명	무게(g)
130	달걀 흰자	325(326)
40	설탕	100
80	아몬드분말	200
66	분당	165(166)
20	박력분	50
336	계	840(842)

※ 충전용 재료는 계량시간에서 제외

비율(%)	재료명	무게(g)
90	버터크림(샌드용)	225(226)

요구사항

다쿠와즈를 제조하여 제출하시오.

❶ 배합표의 각 재료를 계량하여 재료별로 진열하시오(5분).

- 재료계량(재료당 1분) → [감독위원 계량 확인] → 작품제조 및 정리정돈(전체 시험시간−재료계량시간)
- 재료계량시간 내에 계량을 완료하지 못하여 시간이 초과된 경우 및 계량을 잘못한 경우는 추가의 시간 부여 없이 작품제조 및 정리정돈 시간을 활용하여 요구사항의 무게대로 계량
- 달걀의 계량은 감독위원이 지정하는 개수로 계량

❷ 머랭을 사용하는 반죽을 만드시오.

❸ 표피가 갈라지는 다쿠와즈를 만드시오.

❹ 다쿠와즈 2개를 크림으로 샌드하여 1조의 제품으로 완성하시오.

❺ 반죽은 전량을 사용하여 성형하시오.

주요공정 Check

사전 작업 > 굽기 중

- 오븐 예열
- 가루 합친 후 체질
- 달걀 흰자 분리
- 평철판에 실리콘페이퍼 깔기
- 짤주머니, 원형깍지 준비

- 버터크림(샌드용) 계량
- 스크래퍼 준비
- 타공팬 준비

01 재료를 시간 내에 정확하게 계량한다.

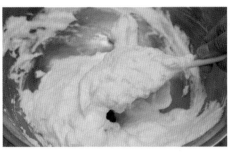

05 머랭이 조금 남아 있을 때까지만 섞는다.
Tip 과도하게 섞으면 반죽이 질어진다.

02 가루재료(아몬드분말, 분당, 박력분)를 2회 이상
체질한다.

06 짤주머니에 반죽을 넣는다.

03 흰자를 젖은 피크(60%)까지 휘핑한 후 나머지
설탕을 2~3번에 나누어 넣으면서 중간피크
(80~90%) 상태의 머랭을 만든다.

07 평철판에 실리콘페이퍼를 깔고 다쿠와즈팬을
올려놓는다.
Tip 실리콘페이퍼에 짜면 잘 떨어진다.

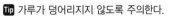

04 체질한 가루재료(아몬드분말, 분당, 박력분)에
머랭을 넣고 섞는다.
Tip 가루가 덩어리지지 않도록 주의한다.

08 다쿠와즈팬에 반죽을 짜준다.

09 스크래퍼(또는 L자형 스패츌러)를 이용하여 윗
면을 평평하게 만든다.

13 식힌 후 한쪽에 샌드용 크림을 얇게 바르고
2개씩 붙인다.

Tip 다쿠와즈 개수에 따라 크림의 양을 조절한다.

10 분당(계량 외)을 뿌린 후 다쿠와즈팬을 제거한다.

11 다시 한 번 윗면에 분당을 뿌린다.

Tip 분당이 뭉치면 색이 고르게 나지 않으며 분
당을 너무 많이 뿌리면 갈라짐이 생기지 않
고 윗면이 바삭해지지 않는다.

12 윗불 190℃, 아랫불 160℃에서 15~20분 동안
굽는다.

Tip 분당을 체로 친 후 바로 오븐에 굽는다.

파운드 케이크

 시험시간
2시간 30분

 반죽방법
반죽형 반죽 – 크림법

오븐온도
200℃/180℃ → 180℃/160℃

How to Make

비율(%)	재료명	무게(g)
100	박력분	800
80	설탕	640
80	버터	640
2	유화제	16
1	소금	8
2	탈지분유	16
0.5	바닐라향	4
2	베이킹파우더	16
80	달걀	640
347.5	계	2,780

요구사항

파운드 케이크를 제조하여 제출하시오.

❶ 배합표의 각 재료를 계량하여 재료별로 진열하시오(9분).

- 재료계량(재료당 1분) → [감독위원 계량 확인] → 작품제조 및 정리정돈(전체 시험시간−재료계량시간)
- 재료계량시간 내에 계량을 완료하지 못하여 시간이 초과된 경우 및 계량을 잘못한 경우는 추가의 시간 부여 없이 작품제조 및 정리정돈 시간을 활용하여 요구사항의 무게대로 계량
- 달걀의 계량은 감독위원이 지정하는 개수로 계량

❷ 반죽은 크림법으로 제조하시오.
❸ 반죽온도는 23℃를 표준으로 하시오.
❹ 반죽의 비중을 측정하시오.
❺ 윗면을 터뜨리는 제품을 만드시오.
❻ 반죽은 전량을 사용하여 성형하시오.

주요공정 Check

사전 작업 > 크림화 중 > 굽기 중

- 오븐 예열
- 가루 합친 후 체질

- 파운드틀(4개)에 종이 깔기
- 비중 컵, 물 무게 계량

- 오븐 온도 조정
- 스패츌러(또는 칼) 준비
- 타공팬 준비

01 재료를 시간 내에 정확하게 계량한다.

05 체질한 가루재료(박력분, 탈지분유, 베이킹파우더, 바닐라향)를 넣고 손가락을 벌려 믹싱볼 아래에서 위로 털어내듯이 섞는다.

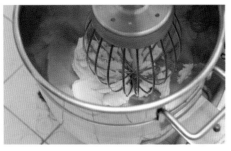

02 믹싱기에 버터를 넣고 고속으로 풀어준다.

06 종이를 깔아둔 파운드틀에 비중(0.8±0.05)을 확인한 반죽을 짤주머니(또는 고무주걱)를 이용하여 틀의 70% 정도 팬닝한다.

03 설탕, 소금, 유화제를 2번에 나누어 넣으면서 크림화한다.
Tip 크림화 중 오버믹싱이 되면 비중이 가벼워져 윗면에 기포가 생기고 터짐이 나빠진다.

07 가운데를 U자형으로 정리한다.
Tip 팬닝 시 양 끝이 각지게 한다.

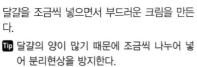

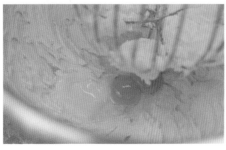

04 달걀을 조금씩 넣으면서 부드러운 크림을 만든다.
Tip 달걀의 양이 많기 때문에 조금씩 나누어 넣어 분리현상을 방지한다.

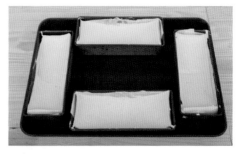

08 윗불 200℃, 아랫불 180℃에서 10~15분 동안 굽는다.

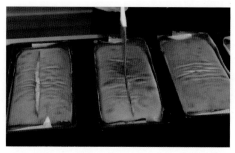

09 오븐에서 꺼내어 고무주걱(또는 칼)에 식용유를
바른 후 양 끝 1cm씩 남기고 가운데를 일자로
자른다.

Tip 윗면을 자를 때 좌우대칭이 되도록 가운데를
일자로 자른다.

10 뚜껑을 덮을 경우에는 가운데 식빵 틀 2개를
놓고 철판으로 뚜껑을 덮는다.

Tip 뚜껑을 덮지 않은 경우 윗면의 색이
더 진하게 나고 껍질이 두껍다.

11 윗불 180℃, 아랫불 160℃에서 20~30분 동안
굽는다.

파운드틀 종이 ▶
재단법 바로보기

과일 케이크

시험시간
2시간 30분

반죽방법
복합형 – 크림법과 별립법

오븐온도
180℃/160℃(이중팬 180℃)

How to Make

비율(%)	재료명	무게(g)
100	박력분	500
90	설탕	450
55	마가린	275(276)
100	달걀	500
18	우유	90
1	베이킹파우더	5(4)
1.5	소금	7.5(8)
15	건포도	75(76)
30	체리	150
20	호두	100
13	오렌지필	65(66)
16	럼주	80
0.4	바닐라향	2
459.9	계	2,299.5(2,300~2,302)

과일 케이크를 제조하여 제출하시오.

❶ 배합표의 각 재료를 계량하여 재료별로 진열하시오(13분).

- 재료계량(재료당 1분) → [감독위원 계량 확인] → 작품제조 및 정리정돈(전체 시험시간−재료계량시간)
- 재료계량시간 내에 계량을 완료하지 못하여 시간이 초과된 경우 및 계량을 잘못한 경우는 추가의 시간 부여 없이 작품제조 및 정리정돈 시간을 활용하여 요구사항의 무게대로 계량
- 달걀의 계량은 감독위원이 지정하는 개수로 계량

❷ 반죽은 별립법으로 제조하시오.

❸ 반죽온도는 23℃를 표준으로 하시오.

❹ 제시한 팬에 알맞도록 분할하시오.

❺ 반죽은 전량을 사용하여 성형하시오.

사전 작업 > **믹싱 중** > **굽기 중**

- 오븐 예열
- 가루 합친 후 체질
- 달걀 노른자 · 흰자 분리
- 설탕 반씩 나누기

- 파운드틀(3개 또는 4개)에 종이 깔기

- 타공팬 준비

01 재료를 시간 내에 정확하게 계량하고 달걀을 노른자와 흰자로 분리한다(노른자를 넣는 스텐볼이 클 것).

05 마가린을 풀어준 후 설탕(50%), 소금을 넣고 휘핑한다.

02 체리를 건포도 크기로 자른 후 물기를 제거한다.
Tip 물기를 제거할 때는 키친타월이나 마른 행주를 사용한다.

06 노른자를 3~4번에 나누어 넣으면서 크림화한다.

03 건포도, 오렌지필, 체리를 럼주로 전처리한다.

07 흰자를 젖은 피크(60%)까지 휘핑한 후 나머지 설탕을 2~3번에 나누어 넣으면서 중간피크(80~90%) 상태의 머랭을 만든다.

04 예열된 오븐에 호두를 살짝 구워 전처리한다.

08 전처리한 과일을 체에 밭쳐 럼주를 제거하고 호두와 함께 밀가루를 골고루 묻혀 반죽에 섞는다.
Tip 밀가루로 다시 전처리하는 것은 과일이 바닥으로 가라앉는 것을 방지하기 위함이다.

09 머랭 1/3을 넣고 가볍게 섞는다.

Tip 머랭을 처음 섞을 때 양이 너무 적으면 수분량이 부족해 밀가루가 덩어리질 수 있다.

13 종이를 깔아둔 파운드틀에 60~70% 팬닝한다.

Tip 감독관의 지시에 따라 3~4개로 팬닝한다.

10 체질한 가루재료(박력분, 베이킹파우더, 바닐라향)를 넣고 섞는다.

14 가운데를 평평하게 정리한다.

Tip 팬닝 시 양 끝이 각지게 한다.

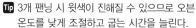

11 우유를 넣고 섞는다.

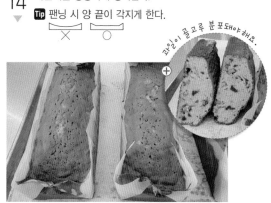

파일이 골고루 분포돼야 해요.

15 윗불 180℃, 아랫불 160℃(이중팬일 경우 180℃)에서 30~40분 동안 굽는다.

Tip 3개 팬닝 시 윗색이 진해질 수 있으므로 오븐 온도를 낮게 조절하고 굽는 시간을 늘린다.

12 나머지 머랭 2/3를 넣고 섞는다.

Tip 여러 번 섞으면 비중이 무거워져 제품이 작아지므로 가볍게 섞는다.

파운드틀 종이 ▶
재단법 바로보기

마데라(컵) 케이크

 시험시간
2시간

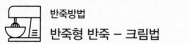 반죽방법
반죽형 반죽 – 크림법

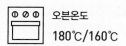 오븐온도
180℃/160℃

How to Make

비율(%)	재료명	무게(g)
100	박력분	400
85	버터	340
80	설탕	320
1	소금	4
85	달걀	340
2.5	베이킹파우더	10
25	건포도	100
10	호두	40
30	적포도주	120
418.5	계	1,674

※ 충전용 재료는 계량시간에서 제외

비율(%)	재료명	무게(g)
20	분당	80
5	적포도주	20

요구사항

마데라(컵) 케이크를 제조하여 제출하시오.

❶ 배합표의 각 재료를 계량하여 재료별로 진열하시오(9분).

- 재료계량(재료당 1분) → [감독위원 계량 확인] → 작품제조 및 정리정돈(전체 시험시간–재료계량시간)
- 재료계량시간 내에 계량을 완료하지 못하여 시간이 초과된 경우 및 계량을 잘못한 경우는 추가의 시간 부여 없이 작품제조 및 정리정돈 시간을 활용하여 요구사항의 무게대로 계량
- 달걀의 계량은 감독위원이 지정하는 개수로 계량

❷ 반죽은 크림법으로 제조하시오.
❸ 반죽온도는 24℃를 표준으로 하시오.
❹ 반죽분할은 주어진 팬에 알맞은 양을 팬닝하시오.
❺ 적포도주 퐁당을 1회 바르시오.
❻ 반죽은 전량을 사용하여 성형하시오.
※ 감독위원은 시험 전 주어진 팬을 감안하여 팬의 개수를 지정하여 공지한다.

**주요공정
Check**

사전 작업 > 크림화 중 > 굽기 중

- 오븐 예열
- 가루 합치기
- 건포도 전처리
- 달걀 깨기

- 머핀팬 준비
- 속지 깔기
- 짤주머니 준비

- 퐁당 계량
- 붓 준비
- 타공팬 준비

01 재료를 시간 내에 정확하게 계량한다.

05 믹싱볼 옆면과 바닥면에 붙어 있는 반죽을 긁어
잘 섞이도록 한다.

02 건포도를 적포도주로 전처리한 후 체에 거른다.

Tip 전처리를 너무 오래하면 건포도가 무거워져
서 완성 시 바닥에 가라앉는다.

06 달걀을 조금씩 나누어 넣으면서 부드러운 크림을
만든다.

Tip 달걀을 조금씩 나누어 넣어 유지와 달걀이
분리되는 것을 방지한다.

03 버터를 고속으로 풀어준다.

07 전처리한 건포도와 호두에 소량의 밀가루를 골
고루 묻힌다.

Tip 밀가루로 전처리하는 것은 충전물이 바닥으
로 가라앉는 것을 방지하기 위함이다.

04 설탕, 소금을 넣어 크림화한다.

Tip 달걀을 넣기 전에 크림화를 충분히 해야 분
리를 방지할 수 있다.

08 전처리한 건포도와 호두를 넣고 섞는다.

제과기능사 — 마데리라(컵) 케이크

09 체질한 가루재료(박력분, 베이킹파우더)를 넣고 섞는다.

10 건포도를 전처리하고 체에 걸러놓은 적포도주를 넣고 섞는다.

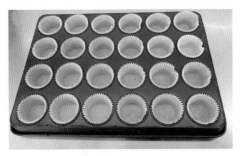

11 머핀팬에 속지를 넣어 준비한다.

12 짤주머니를 이용하여 머핀팬의 70% 정도 팬닝한 후 윗불 180℃, 아랫불 160℃에서 25～30분 동안 굽는다.

13 분당 80g과 적포도주 시럽 20g을 섞어 퐁당을 만든다.

Tip 적포도주 퐁당은 미리 제조하면 굳을 수 있으므로 머핀이 90% 정도 구워졌을 때 제조한다.

14 색이 나고 다 익은 상태에서 윗면에 퐁당을 골고루 바른다.

Tip 제품이 익지 않은 상태에서 퐁당을 바르면 껍질이 벗겨지거나 제품이 주저앉는다.

15 오븐에 넣고 2～3분 동안 윗면을 건조시킨 후 꺼낸다.

Tip 머핀을 잘랐을 때 견과류가 바닥에 가라앉지 않고, 머핀의 윗면이 터지지 않아야 한다.

브라우니

 시험시간
1시간 50분

 반죽방법
1단계법 – 변형 반죽법

 오븐온도
170℃/150℃(이중팬 170℃)

How to Make

비율(%)	재료명	무게(g)
100	중력분	300
120	달걀	360
130	설탕	390
2	소금	6
50	버터	150
150	다크초콜릿(커버춰)	450
10	코코아파우더	30
2	바닐라향	6
50	호두	150
614	계	1,842

요구사항

브라우니를 제조하여 제출하시오.

❶ 배합표의 각 재료를 계량하여 재료별로 진열하시오(9분).

> • 재료계량(재료당 1분) → [감독위원 계량 확인] → 작품제조 및 정리정돈(전체 시험시간−재료계량시간)
> • 재료계량시간 내에 계량을 완료하지 못하여 시간이 초과된 경우 및 계량을 잘못한 경우는 추가의 시간 부여 없이 작품제조 및 정리정돈 시간을 활용하여 요구사항의 무게대로 계량
> • 달걀의 계량은 감독위원이 지정하는 개수로 계량

❷ 브라우니는 수작업으로 반죽하시오.

❸ 버터와 초콜릿을 함께 녹여서 넣는 1단계법(변형 반죽법)으로 하시오.

❹ 반죽온도는 27℃를 표준으로 하시오.

❺ 반죽은 전량을 사용하여 성형하시오.

❻ 3호 원형팬 2개에 팬닝하시오.

❼ 호두의 반은 반죽에 사용하고 나머지 반은 토핑하며, 반죽 속과 윗면에 골고루 분포되게 하시오 (호두는 구워서 사용).

주요공정 Check

사전 작업 　＞　 굽기 중

• 오븐 예열
• 가루 합친 후 체질
• 중탕 준비
• 호두 전처리
• 원형팬(3호 2개)에 종이 깔기

• 타공팬 준비

01 재료를 시간 내에 정확하게 계량한다.

02 예열된 오븐에 호두를 살짝 구워 전처리한다.

03 다크초콜릿(커버춰)과 버터를 중탕(50℃)으로 녹인다.

04 달걀을 풀어준 후 설탕과 소금을 넣고 거품기로 골고루 섞는다.

05 중탕으로 용해한 다크초콜릿과 버터에 달걀물을 넣고 섞는다.

Tip 달걀물의 온도가 너무 낮지 않도록 조절한 후 넣는다.

06 체질한 가루재료(중력분, 코코아파우더, 바닐라향)를 넣고 섞는다.

07 미리 구워 놓은 호두분태 1/2을 넣고 섞는다.

08 종이를 깔아둔 원형팬 2개에 팬닝하고 윗면을 평평하게 만든다.

Tip 반죽온도가 높거나 과도하게 섞이면 아랫면이 들리는 현상이 나타날 수 있다.

09 남은 호두분태 1/2을 윗면에 골고루 뿌려준다.

밑연이 평평해야 해요.

10 윗불 170℃, 아랫불 150℃(이중팬일 경우 170℃)
에서 40~50분 동안 굽는다.

Tip 전체적으로 짙은 초콜릿색을 띠어야 하고 호
두가 뭉쳐져 있으면 안 된다.

원형팬 종이 ▶
재단법 바로보기

초코 머핀(초코컵 케이크)

 시험시간
1시간 50분

 반죽방법
반죽형 반죽 – 크림법

 오븐온도
180℃/160℃

How to Make

제과기능사 – 초코 머핀(초코컵 케이크)

비율(%)	재료명	무게(g)
100	박력분	500
60	설탕	300
60	버터	300
60	달걀	300
1	소금	5(4)
0.4	베이킹소다	2
1.6	베이킹파우더	8
12	코코아파우더	60
35	물	175(174)
6	탈지분유	30
36	초코칩	180
372	계	1,860(1,858)

요구사항

초코 머핀(초코컵 케이크)을 제조하여 제출하시오.

❶ 배합표의 각 재료를 계량하여 재료별로 진열하시오(11분).

- 재료계량(재료당 1분) → [감독위원 계량 확인] → 작품제조 및 정리정돈(전체 시험시간−재료계량시간)
- 재료계량시간 내에 계량을 완료하지 못하여 시간이 초과된 경우 및 계량을 잘못한 경우는 추가의 시간 부여 없이 작품제조 및 정리정돈 시간을 활용하여 요구사항의 무게대로 계량
- 달걀의 계량은 감독위원이 지정하는 개수로 계량

❷ 반죽은 크림법으로 제조하시오.

❸ 반죽온도는 24℃를 표준으로 하시오.

❹ 초코칩은 제품의 내부에 골고루 분포되게 하시오.

❺ 반죽분할은 주어진 팬에 알맞은 양으로 팬닝하시오.

❻ 반죽은 전량을 사용하여 성형하시오.

※ 감독위원은 시험 전 주어진 팬을 감안하여 팬의 개수를 지정하여 공지한다.

주요공정
Check

사전 작업 > **크림화 중**

- 오븐 예열
- 가루 합치기

- 머핀팬 준비
- 가루 체질
- 속지 깔기
- 짤주머니 준비

01 재료를 시간 내에 정확하게 계량한다.

02 버터를 넣고 고속으로 풀어준 후 설탕, 소금을
　　나누어 넣으면서 크림화한다.

　　Tip 크림화시킬 때 설탕과 소금 입자가 충분히
　　　　섞이도록 한다.

03 믹싱볼 옆면과 바닥면에 붙어 있는 반죽을 긁어
　　잘 섞이도록 한다.

04 달걀을 조금씩 나누어 넣으면서 부드러운 크림
　　을 만든다.

　　Tip 달걀을 조금씩 나누어 넣어 유지와 달걀이
　　　　분리되는 것을 방지한다.

05 초코칩을 넣고 섞는다(반죽 전체에 초코칩이 잘
　　섞이도록 한다).

　　Tip 나무주걱을 이용하여 섞어도 된다.

06 체질한 가루재료(박력분, 베이킹소다, 베이킹파
　　우더, 코코아파우더, 탈지분유)와 물을 넣고 믹
　　싱볼 아래에서 위로 털어내듯이 섞는다.

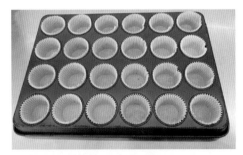

07 머핀팬에 속지를 넣어 준비한다.

08 짤주머니에 반죽을 넣는다.

　　Tip 짤주머니에 넣은 반죽이 위쪽으로 새어 나오
　　　　지 않도록 주의한다(손에 묻으면 감점 요소
　　　　가 된다).

09 머핀팬에 70% 정도 팬닝한다.

10 윗불 180℃, 아랫불 160℃에서 25~30분 동안
굽는다.

초코칩이 고르게 있어야 해요.

11 팬에서 머핀을 분리한다.

아는 세계에서 모르는 세계로 넘어가지 않으면
우리는 아무것도 배울 수 없다.

– 클로드 베르나르 (Claude Bernard)

버터 스펀지 케이크(공립법)

| 시험시간
1시간 50분 | 반죽방법
거품형 반죽 – 공립법 | 오븐온도
180℃/160℃ |

How to Make

비율(%)	재료명	무게(g)
100	박력분	500
120	설탕	600
180	달걀	900
1	소금	5(4)
0.5	바닐라향	2.5(2)
20	버터	100
421.5	계	2,107.5(2,106)

요구사항

버터 스펀지 케이크(공립법)를 제조하여 제출하시오.

❶ 배합표의 각 재료를 계량하여 재료별로 진열하시오(6분).

- 재료계량(재료당 1분) → [감독위원 계량 확인] → 작품제조 및 정리정돈(전체 시험시간−재료계량시간)
- 재료계량시간 내에 계량을 완료하지 못하여 시간이 초과된 경우 및 계량을 잘못한 경우는 추가의 시간 부여 없이 작품제조 및 정리정돈 시간을 활용하여 요구사항의 무게대로 계량
- 달걀의 계량은 감독위원이 지정하는 개수로 계량

❷ 반죽은 공립법으로 제조하시오.

❸ 반죽온도는 25℃를 표준으로 하시오.

❹ 반죽의 비중을 측정하시오.

❺ 제시한 팬에 알맞도록 분할하시오.

❻ 반죽은 전량을 사용하여 성형하시오.

주요공정 Check

사전 작업 > 믹싱 중 > 굽기 중

- 오븐 예열
- 가루 합치기
- 달걀 깨기
- 중탕 준비

- 원형팬(3호 4개)에 종이 깔기
- 가루 체질
- 비중 컵, 물 무게 계량

- 타공팬 준비

01 재료를 시간 내에 정확하게 계량한다.

02 달걀을 풀어준 후 설탕과 소금을 넣고 중탕한다
(43~50℃ 정도).

Tip 중탕 온도는 실내 온도에 따라 가감하고 너
무 높으면 달걀이 익거나 가루가 뭉칠 수 있
으므로 주의한다.

03 중탕한 달걀을 믹싱볼에 넣어 아이보리색이 날
때까지 고속으로 거품을 올린 후 중속으로 기포
를 안정화시킨다.

04 버터를 중탕으로 용해한다(60℃ 전후).

05 체질한 가루재료(박력분, 바닐라향)를 믹싱볼에
넣는다.

Tip 체질한 가루재료를 넣을 때 가루가 반죽 윗
면에 떠 있으면 반죽 상태가 좋은 것이다.

06 손가락을 벌려 믹싱볼 아래에서 위로 털어내듯
이 섞어준다.

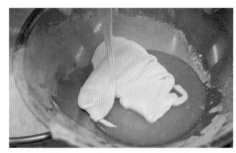

07 용해버터에 반죽 일부를 넣고 섞는다.

Tip 용해버터(60℃ 전후)를 넣을 때 빠르게 섞어
비중이 높아지는 것을 방지한다.

08 용해버터를 섞은 반죽을 나머지 반죽에 넣고
섞는다.

09 종이를 깔아둔 원형팬에 비중(0.5±0.05)을 확인한 반죽을 50~60% 정도 팬닝한다.

10 고무주걱으로 윗면을 평평하게 한 후 작업대에 내려쳐 충격을 준다.

Tip 오븐에 넣기 전 작업대에서 펀칭을 주어서 일정한 기포를 형성한다.

11 윗불 180℃, 아랫불 160℃에서 25~30분 동안 굽는다.

원형팬 종이 ▶
재단법 바로보기

버터 스펀지 케이크(별립법)

 시험시간
1시간 50분

 반죽방법
거품형 반죽 – 별립법

 오븐온도
180℃/160℃

How to Make

비율(%)	재료명	무게(g)
100	박력분	600
60	설탕(A)	360
60	설탕(B)	360
150	달걀	900
1.5	소금	9(8)
1	베이킹파우더	6
0.5	바닐라향	3(2)
25	용해버터	150
398	계	2,388(2,386)

요구사항

버터 스펀지 케이크(별립법)를 제조하여 제출하시오.

❶ 배합표의 각 재료를 계량하여 재료별로 진열하시오(8분).

- 재료계량(재료당 1분) → [감독위원 계량 확인] → 작품제조 및 정리정돈(전체 시험시간−재료계량시간)
- 재료계량시간 내에 계량을 완료하지 못하여 시간이 초과된 경우 및 계량을 잘못한 경우는 추가의 시간 부여 없이 작품제조 및 정리정돈 시간을 활용하여 요구사항의 무게대로 계량
- 달걀의 계량은 감독위원이 지정하는 개수로 계량

❷ 반죽은 별립법으로 제조하시오.
❸ 반죽온도는 23℃를 표준으로 하시오.
❹ 반죽의 비중을 측정하시오.
❺ 제시한 팬에 알맞도록 분할하시오.
❻ 반죽은 전량을 사용하여 성형하시오.

주요공정 Check

사전 작업 〉 믹싱 중 〉 굽기 중

- 오븐 예열
- 가루 합치기
- 달걀 노른자 · 흰자 분리

- 원형팬(3호 4개)에 종이 깔기
- 비중 컵, 물 무게 계량

- 타공팬 준비

01 재료를 시간 내에 정확하게 계량하고, 달걀을 노른자와 흰자로 분리한다(노른자를 넣는 스텐볼이 클 것).

Tip 흰자를 분리할 때 스텐볼에 노른자, 물, 유지성분이 있으면 머랭이 만들어지지 않는다.

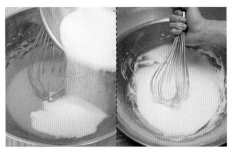

02 노른자를 풀어준 후 설탕(A), 소금을 넣어 설탕이 다 녹고 아이보리색이 될 때까지 휘핑한다.

Tip 달걀 흰자를 1~2개 넣어주면 설탕이 잘 녹는다.

03 버터를 중탕으로 용해한다.

04 흰자를 젖은 피크(60%)까지 휘핑한 후 설탕(B)을 2~3번에 나누어 넣으면서 중간피크(80~90%) 상태의 머랭을 만든다.

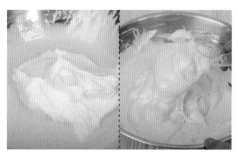

05 휘핑한 노른자에 머랭 1/3 정도를 넣고 가볍게 섞는다.

Tip 머랭을 처음 섞을 때 양이 너무 적으면 수분량이 부족해 밀가루가 덩어리질 수 있다.

06 체질한 가루재료(박력분, 베이킹파우더, 바닐라향)를 넣고 가볍게 섞는다.

07 용해버터에 반죽 일부를 넣고 섞는다.

08 용해버터를 섞은 반죽을 나머지 반죽에 넣고 섞는다.

Tip 용해버터를 넣고 많이 섞으면 비중이 높아지고 제품이 단단해진다.

09 나머지 머랭 2/3를 넣고 섞는다.

10 종이를 깔아둔 원형팬에 비중(0.5±0.05)을 확인한 반죽을 50~60% 정도 팬닝한다.

11 고무주걱으로 윗면을 평평하게 한 후 작업대에 내려쳐 충격을 준다.

　Tip 오븐에 넣기 전 작업대에서 펀칭을 주어서 큰 기포를 제거하고 일정한 기포를 형성한다.

12 윗불 180℃, 아랫불 160℃에서 30분 전후로 굽는다.

원형팬 종이 ▶
재단법 바로보기

시퐁 케이크(시퐁법)

시험시간
1시간 40분

반죽방법
거품형 반죽 - 시퐁법

오븐온도
180℃/160℃

비율(%)	재료명	무게(g)
100	박력분	400
65	설탕(A)	260
65	설탕(B)	260
150	달걀	600
1.5	소금	6
2.5	베이킹파우더	10
40	식용유	160
30	물	120
454	계	1,816

요구사항

시퐁 케이크(시퐁법)를 제조하여 제출하시오.

❶ 배합표의 각 재료를 계량하여 재료별로 진열하시오(8분).

- 재료계량(재료당 1분) → [감독위원 계량 확인] → 작품제조 및 정리정돈(전체 시험시간−재료계량시간)
- 재료계량시간 내에 계량을 완료하지 못하여 시간이 초과된 경우 및 계량을 잘못한 경우는 추가의 시간 부여 없이 작품제조 및 정리정돈 시간을 활용하여 요구사항의 무게대로 계량
- 달걀의 계량은 감독위원이 지정하는 개수로 계량

❷ 반죽은 시퐁법으로 제조하고 비중을 측정하시오.
❸ 반죽온도는 23℃를 표준으로 하시오.
❹ 시퐁팬을 사용하여 반죽을 분할하고 구우시오.
❺ 반죽은 전량을 사용하여 성형하시오.

주요공정 Check

사전 작업 > **굽기 중**

- 오븐 예열
- 가루 합친 후 체질
- 달걀 노른자 · 흰자 분리
- 비중 컵, 물 무게 계량

- 스프레이 준비
- 타공팬 준비

01 재료를 시간 내에 정확하게 계량하고 달걀을 노른자와 흰자로 분리한다(노른자를 넣는 스텐볼이 클 것).

02 스프레이를 이용해서 시폰팬에 물을 뿌려 놓는다.

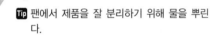
Tip 팬에서 제품을 잘 분리하기 위해 물을 뿌린다.

03 시폰팬을 엎어 놓아 물기를 제거한다.

04 노른자와 설탕(A), 소금을 넣고 섞는다.
Tip 노른자에 재료를 섞을 때 거품이 생기지 않도록 주의한다.

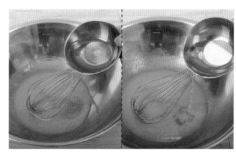

05 스텐볼에 식용유와 물을 넣고 섞는다.

06 체질한 가루재료(박력분, 베이킹파우더)를 넣고 섞는다.

07 흰자를 젖은 피크(60%)까지 휘핑한 후 설탕(B)을 2~3번에 나누어 넣으면서 중간피크(80%) 상태의 머랭을 만든다.

08 머랭을 노른자 반죽에 2~3번 정도 나누어 넣으면서 섞는다.

09 비중(0.5±0.05)을 확인한 반죽을 짤주머니에 넣은 후 공기층이 생기지 않도록 돌려 짜면서 60% 정도 팬닝한다.

   Tip 짤주머니를 사용하지 않고 스텐볼째 반죽을 부어도 무관하다.

10 윗불 180℃, 아랫불 160℃에서 30분 전후로 구운 후 오븐에서 꺼내어 뒤집어 놓는다.

   Tip 시퐁 케이크는 오븐에서 꺼내자마자 바로 뒤집어 놓지 않으면 주저앉는다.

11 스프레이로 시퐁팬에 물을 뿌려 냉각시킨다.

12 냉각 후 가장자리를 눌러 제품을 분리한다. 시퐁 팬을 뒤집어서 위쪽을 손으로 살짝 눌러 제품을 분리한다.

13 시퐁 케이크는 가운데 부분이 연한 갈색이 나고 손가락으로 눌렀을 때 들어가지 않으면 다 익은 것이다.

치즈 케이크

시험시간
2시간 30분

반죽방법
복합형 – 크림법과 별립법

오븐온도
150℃/150℃

비율(%)	재료명	무게(g)
100	중력분	80
100	버터	80
100	설탕(A)	80
100	설탕(B)	80
300	달걀	240
500	크림치즈	400
162.5	우유	130
12.5	럼주	10
25	레몬주스	20
1,400	계	1,120

요구사항

치즈 케이크를 제조하여 제출하시오.

❶ 배합표의 각 재료를 계량하여 재료별로 진열하시오(9분).

- 재료계량(재료당 1분) → [감독위원 계량 확인] → 작품제조 및 정리정돈(전체 시험시간−재료계량시간)
- 재료계량시간 내에 계량을 완료하지 못하여 시간이 초과된 경우 및 계량을 잘못한 경우는 추가의 시간 부여 없이 작품제조 및 정리정돈 시간을 활용하여 요구사항의 무게대로 계량
- 달걀의 계량은 감독위원이 지정하는 개수로 계량

❷ 반죽은 별립법으로 제조하시오.
❸ 반죽온도는 20℃를 표준으로 하시오.
❹ 반죽의 비중을 측정하시오.
❺ 제시한 팬에 알맞도록 분할하시오.
❻ 굽기는 중탕으로 하시오.
❼ 반죽은 전량을 사용하시오.
※ 감독위원은 시험 전 주어진 팬을 감안하여 팬의 개수를 지정하여 공지한다.

주요공정 Check

사전 작업 > 팬닝 후 > 굽기 중

- 오븐 예열
- 틀에 버터, 설탕 바르기
- 평철판 준비
- 달걀 노른자 · 흰자 분리

- 중탕할 물 준비

- 타공팬 준비

01 재료를 시간 내에 정확하게 계량하고 달걀을 노른자와 흰자로 분리한다.

02 팬에 버터(계량 외)를 바른 후 설탕(계량 외)을 묻혀 놓는다.

03 크림치즈를 풀어준 후 버터를 넣고 유연하게 한다.

04 설탕(A)을 넣고 풀어준다.

05 노른자를 넣고 크림화한다.

06 우유, 럼주, 레몬주스, 체질한 중력분을 넣고 섞는다.

07 흰자에 설탕(B)을 넣고 섞는다.

08 중간피크(70%)의 머랭을 완성한다.
Tip 건조피크까지 머랭을 올릴 경우 윗면이 터지거나 구운 후 제품이 주저앉을 수 있다.

09 완성된 노른자 반죽에 머랭 1/2을 넣고 섞는다.

10 나머지 머랭을 넣고 가볍게 섞어 마무리한다.

11 비중(0.7±0.05)을 확인한 반죽을 짤주머니에 넣은 후 버터와 설탕을 바른 팬에 80% 정도 팬닝한다.

12 평철판의 1/3 정도 물을 넣은 후 반죽이 담긴 팬을 넣고 윗불 150℃, 아랫불 150℃에서 50분 전후로 굽는다.

13 팬을 뒤집어 제품을 뺀다.

14 일정한 간격으로 담아낸다.

초코 롤 케이크

 시험시간
1시간 50분

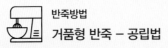 반죽방법
거품형 반죽 – 공립법

 오븐온도
190℃/160℃(이중팬 180℃)

How to Make

비율(%)	재료명	무게(g)
100	박력분	168
285	달걀	480
128	설탕	216
21	코코아파우더	36
1	베이킹소다	2
7	물	12
17	우유	30
559	계	944

※ 충전용 재료는 계량시간에서 제외

비율(%)	재료명	무게(g)
119	다크커버춰	200
119	생크림	200
12	럼주	20

요구사항

초코 롤 케이크를 제조하여 제출하시오.

❶ 배합표의 각 재료를 계량하여 재료별로 진열하시오(7분).

- 재료계량(재료당 1분) → [감독위원 계량 확인] → 작품제조 및 정리정돈(전체 시험시간−재료계량시간)
- 재료계량시간 내에 계량을 완료하지 못하여 시간이 초과된 경우 및 계량을 잘못한 경우는 추가의 시간 부여 없이 작품제조 및 정리정돈 시간을 활용하여 요구사항의 무게대로 계량
- 달걀의 계량은 감독위원이 지정하는 개수로 계량

❷ 반죽은 공립법으로 제조하시오.
❸ 반죽온도는 24℃를 표준으로 하시오.
❹ 반죽의 비중을 측정하시오.
❺ 제시한 철판에 알맞도록 팬닝하시오.
❻ 반죽은 전량을 사용하시오.
❼ 충전용 재료는 가나슈를 만들어 제품에 전량 사용하시오.
❽ 시트를 구운 윗면에 가나슈를 바르고, 원형이 잘 유지되도록 말아 제품을 완성하시오(반대 방향으로 롤을 말면 성형 및 제품평가 해당 항목 감점).

주요공정 Check

사전 작업 > 반죽 중 > 굽기 중

- 오븐 예열
- 가루 합치기
- 달걀 깨기
- 중탕 준비

- 평철판에 종이 깔기
- 가루 체질
- 비중 컵, 물 무게 계량

- 가나슈 계량
- 젖은 면포, 밀대, 스프레이 준비
- 타공팬 준비

01 재료를 시간 내에 정확하게 계량한다.
▽

05 체질한 가루재료(박력분, 코코아파우더, 베이킹
소다)를 넣고 섞는다.
▽

02 달걀을 풀어준 후 설탕을 넣고 중탕한다(43～
50℃ 정도).
▽
Tip 중탕 온도는 실내 온도에 따라 가감하고 너
무 높으면 달걀이 익거나 가루가 뭉칠 수 있
으므로 주의한다.

06 종이를 깔아둔 평철판에 비중(0.5±0.05)을 확인
한 반죽을 팬닝한 후 윗불 190℃, 아랫불 160℃
▽ (이중팬일 경우 180℃)에서 10～15분 동안 굽는다.
Tip 비중이 높거나 오버베이킹할 경우 제품을 말
때 터지거나 고르게 나오지 않는다.

03 중탕한 달걀을 믹싱볼에 넣어 아이보리색이 날
때까지 고속으로 거품을 올린 후 중속으로 기포
▽ 를 안정화시킨다.

07 [07～09 충전물 만들기]
다크커버춰를 중탕으로 녹여 가나슈를 제조한
▽ 다(45～50℃ 정도).

04 스텐볼에 반죽을 옮겨 물과 우유를 넣고 섞는다.
▽

08 생크림을 데워서 섞는다.
▽ **Tip** 생크림 온도는 너무 높지 않게 한다(40～45℃
정도).

09 가나슈 온도가 40℃가 되면 럼주를 넣고 섞는다.

Tip 가나슈가 질 경우에는 스텐볼에 찬물을 담고, 단단할 경우에는 중탕하여 농도를 맞춘다.

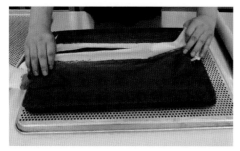

10 [10~12 제품 만들기]
물에 적신 면포를 준비하여 제품을 뒤집은 후 종이를 제거한다.

Tip 면포는 물로 미리 적셔 놓고, 위생지를 사용할 경우 말기 직전에 식용유를 충분히 바른다.

11 구운 윗면에 가나슈를 고르게 바르고 말기 시작하는 부분을 2cm 간격으로 눌러준 후 밀대로 말아준다.

12 밀대를 이용하여 앞부분을 눌러 말아 원형이 잘 유지되도록 한다.

평철판 종이 ▶
재단법 바로보기

젤리 롤 케이크

 시험시간
1시간 30분

 반죽방법
거품형 반죽 – 공립법

오븐온도
180℃/160℃

비율(%)	재료명	무게(g)
100	박력분	400
130	설탕	520
170	달걀	680
2	소금	8
8	물엿	32
0.5	베이킹파우더	2
20	우유	80
1	바닐라향	4
431.5	계	1,726

※ 충전용 재료는 계량시간에서 제외

비율(%)	재료명	무게(g)
50	잼	200

요구사항

젤리 롤 케이크를 제조하여 제출하시오.

❶ 배합표의 각 재료를 계량하여 재료별로 진열하시오(8분).

- 재료계량(재료당 1분) → [감독위원 계량 확인] → 작품제조 및 정리정돈(전체 시험시간−재료계량시간)
- 재료계량시간 내에 계량을 완료하지 못하여 시간이 초과된 경우 및 계량을 잘못한 경우는 추가의 시간 부여 없이 작품제조 및 정리정돈 시간을 활용하여 요구사항의 무게대로 계량
- 달걀의 계량은 감독위원이 지정하는 개수로 계량

❷ 반죽은 공립법으로 제조하시오.
❸ 반죽온도는 23℃를 표준으로 하시오.
❹ 반죽의 비중을 측정하시오.
❺ 제시한 팬에 알맞도록 분할하시오.
❻ 반죽은 전량을 사용하여 성형하시오.
❼ 캐러멜 색소를 이용하여 무늬를 완성하시오(무늬를 완성하지 않으면 제품 껍질 평가 0점 처리).

주요공정 Check

사전 작업 > 반죽 중 > 굽기 중

- 오븐 예열
- 가루 합치기
- 달걀 깨기
- 중탕 준비

- 평철판에 종이 깔기
- 가루 체질
- 비중 컵, 물 무게 계량
- 비닐 짤주머니 준비

- 잼 계량
- 젖은 면포, 밀대, 스프레이 준비

01 재료를 시간 내에 정확하게 계량한다.

02 달걀을 풀어준 후 설탕, 소금, 물엿을 넣고 중탕
한다(43~ 50℃ 정도).
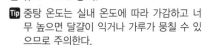 Tip 중탕 온도는 실내 온도에 따라 가감하고 너
무 높으면 달걀이 익거나 가루가 뭉칠 수 있
으므로 주의한다.

03 중탕한 달걀을 믹싱볼에 넣어 아이보리색이 날
때까지 고속으로 거품을 올린 후 중속으로 기포
를 안정화시킨다.

04 체질한 가루재료(박력분, 베이킹파우더, 바닐라
향)를 넣고 손가락을 벌려 믹싱볼 아래에서 위
로 털어내듯이 섞는다.

05 우유를 넣고 가볍게 섞는다.

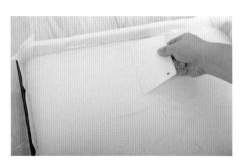

06 종이를 깔아둔 평철판에 비중(0.5±0.05)을 확
인한 반죽을 팬닝한 후 스크래퍼를 이용하여 윗
면을 고르게 편다.

07 덜어놓은 일부의 반죽에 캐러멜 색소를 넣어 진
한 갈색의 반죽을 만든다.

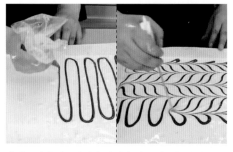

08 비닐 짤주머니에 캐러멜 색소 반죽을 넣어 3cm
간격으로 2/3 지점까지 짜준 후 무늬를 만든다.
Tip 무늬를 만들 때 가는 방향의 반대쪽으로 뉘어
서 모양을 낸다.

제과기능사 - 젤리 롤 케이크

09 윗불 180℃, 아랫불 160℃에서 20~25분 동안 구운 후 물에 적신 면포에 제품을 뒤집어 놓는다(무늬가 아래로 향하도록).

Tip 면포는 물로 미리 적셔 놓고, 위생지를 사용할 경우 말기 직전에 식용유를 충분히 바른다.

10 스프레이로 물을 뿌려 종이를 제거한다.

11 고무주걱 또는 스패츌러를 이용하여 윗면에 잼을 골고루 바른 후 말기 시작하는 부분을 2cm 간격으로 눌러준다.

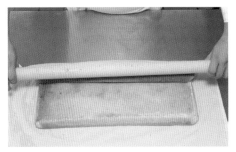

12 밀대를 이용하여 앞부분을 눌러 말기를 한다.

Tip 제품을 말 때에는 터지지 않게 일정한 힘을 주어야 한다.

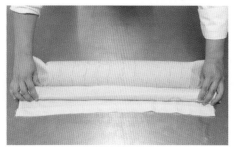

13 1/2 지점부터는 힘을 빼고 말기를 한 후 잠시 동안 고정해 둔다.

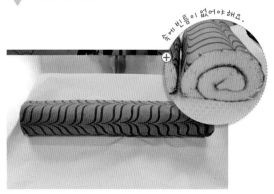

속에 빈틈이 없어야 해요.

14 면포를 제거한다.

Tip 좌우대칭을 이루면서 무늬가 고르게 나와야 좋은 제품이다.

평철판 종이 ▶
재단법 바로보기

73

소프트 롤 케이크

🕐 **시험시간**
1시간 50분

🖳 **반죽방법**
거품형 반죽 – 별립법

🔲 **오븐온도**
180℃/160℃

How to Make

비율(%)	재료명	무게(g)
100	박력분	250
70	설탕(A)	175(176)
10	물엿	25(26)
1	소금	2.5(2)
20	물	50
1	바닐라향	2.5(2)
60	설탕(B)	150
280	달걀	700
1	베이킹파우더	2.5(2)
50	식용유	125(126)
593	계	1,482.5(1,484)

※ 충전용 재료는 계량시간에서 제외

비율(%)	재료명	무게(g)
80	잼	200

요구사항

소프트 롤 케이크를 제조하여 제출하시오.

❶ 배합표의 각 재료를 계량하여 재료별로 진열하시오(10분).

- 재료계량(재료당 1분) → [감독위원 계량 확인] → 작품제조 및 정리정돈(전체 시험시간−재료계량시간)
- 재료계량시간 내에 계량을 완료하지 못하여 시간이 초과된 경우 및 계량을 잘못한 경우는 추가의 시간 부여 없이 작품제조 및 정리정돈 시간을 활용하여 요구사항의 무게대로 계량
- 달걀의 계량은 감독위원이 지정하는 개수로 계량

❷ 반죽은 별립법으로 제조하시오.

❸ 반죽온도는 22℃를 표준으로 하시오.

❹ 반죽의 비중을 측정하시오.

❺ 제시한 팬에 알맞도록 분할하시오.

❻ 반죽은 전량을 사용하여 성형하시오.

❼ 캐러멜 색소를 이용하여 무늬를 완성하시오(무늬를 완성하지 않으면 제품 껍질 평가 0점 처리).

주요공정 Check

사전 작업 > 노른자 반죽 후 > 굽기 중

- 오븐 예열
- 가루 합치기
- 달걀 노른자·흰자 분리

- 평철판에 종이 깔기
- 가루 체질
- 비중 컵, 물 무게 계량
- 비닐 짤주머니 준비

- 잼 계량
- 젖은 면포, 밀대 준비

01 재료를 시간 내에 정확하게 계량하고 달걀을 노른자와 흰자로 분리한다(노른자를 넣는 스텐볼이 클 것).

Tip 흰자를 분리할 때 스텐볼에 노른자, 물, 유지 성분이 있으면 머랭이 만들어지지 않는다.

02 노른자를 풀어준 후 설탕(A), 물엿, 소금을 넣고 휘핑한다.

03 설탕이 다 녹고 연한 노란색이 되면 물을 넣고 섞는다.

04 흰자를 젖은 피크(60%)까지 휘핑한 후 설탕(B)을 2~3번에 나누어 넣으면서 중간피크(80~90%) 상태의 머랭을 만든다.

05 휘핑한 노른자에 머랭 1/3 정도를 넣고 가볍게 섞는다.

06 체질한 가루재료(박력분, 베이킹파우더, 바닐라향)를 넣고 가볍게 섞는다.

07 반죽 일부와 식용유를 섞는다.

08 식용유를 섞은 반죽과 나머지 머랭 2/3를 넣고 섞는다.

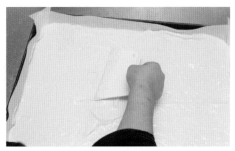

09 종이를 깔아둔 평철판에 비중(0.5±0.05)을 확인한 반죽을 팬닝한 후 스크래퍼를 이용하여 윗면을 고르게 편다.

10 덜어놓은 일부의 반죽에 캐러멜 색소를 넣어 진한 갈색의 반죽을 만든다.

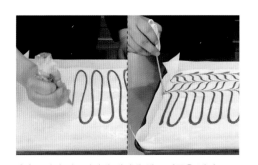

11 비닐 짤주머니에 캐러멜 색소 반죽을 넣어 3cm 간격으로 2/3 지점까지 짜준 후 무늬를 만든다.

Tip 무늬를 만들 때 가는 방향의 반대쪽으로 뉘어서 모양을 낸다.

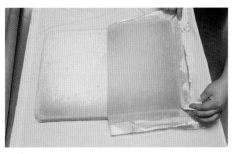

12 윗불 180℃, 아랫불 160℃에서 20분 전후로 구운 후 물에 적신 면포에 제품을 뒤집어 놓고 (무늬가 아래로 향하도록) 종이를 제거한다.

13 고무주걱 또는 스패츌러를 이용하여 윗면에 잼을 골고루 바른 후 말기 시작하는 부분을 2cm 간격으로 눌러준다.

14 밀대를 이용하여 앞부분을 눌러 말기를 한다.

Tip 제품이 부드럽기 때문에 오븐에서 꺼낸 후 냉각시킨 다음에, 너무 단단하지 않게 말아주어야 한다.

속에 빈틈이 없어야 해요.

15 면포를 제거한다.

평철판 종이 ▶
재단법 바로보기

타르트

 시험시간
2시간 20분

 반죽방법
반죽형 반죽 – 크림법

 오븐온도
180℃/200℃ → 180℃/220℃

How to Make

반죽

비율(%)	재료명	무게(g)
100	박력분	400
25	달걀	100
26	설탕	104
40	버터	160
0.5	소금	2
191.5	계	766

충전물(※ 계량시간에서 제외)

비율(%)	재료명	무게(g)
100	아몬드분말	250
90	설탕	226
100	버터	250
65	달걀	162
12	브랜디	30
367	계	918

광택제(※ 계량시간에서 제외)

비율(%)	재료명	무게(g)
100	에프리코트혼당	150
40	물	60

토핑(※ 계량시간에서 제외)

비율(%)	재료명	무게(g)
66.6	아몬드슬라이스	100

요구사항

타르트를 제조하여 제출하시오.

❶ 배합표의 반죽용 재료를 계량하여 재료별로 진열하시오(5분). (충전물 · 토핑 등의 재료는 휴지시간을 활용하시오)

- 재료계량(재료당 1분) → [감독위원 계량 확인] → 작품제조 및 정리정돈(전체 시험시간−재료계량시간)
- 재료계량시간 내에 계량을 완료하지 못하여 시간이 초과된 경우 및 계량을 잘못한 경우는 추가의 시간 부여 없이 작품제조 및 정리정돈 시간을 활용하여 요구사항의 무게대로 계량
- 달걀의 계량은 감독위원이 지정하는 개수로 계량

❷ 반죽은 크림법으로 제조하시오.
❸ 반죽온도는 20℃를 표준으로 하시오.
❹ 반죽은 냉장고에서 20~30분 정도 휴지하시오.
❺ 두께 3mm 정도 밀어 펴서 팬에 맞게 성형하시오.
❻ 아몬드크림을 제조해서 팬(∅10~12cm) 용적의 60~70% 정도 충전하시오.
❼ 아몬드슬라이스를 윗면에 고르게 장식하시오.
❽ 8개를 성형하시오.
❾ 광택제로 제품을 완성하시오.

주요공정 Check

사전 작업 > 휴지 중 > 굽기 중

- 오븐 예열
- 가루 합친 후 체질
- 달걀 깨기
- 비닐 준비

- 충전물 계량
- 타르트팬 준비
- 짤주머니, 원형깍지 준비
- 덧가루, 밀대 준비

- 광택제 계량
- 붓 준비
- 타공팬 준비

01 재료를 시간 내에 정확하게 계량한다.

05 가루가 안 보이면 반죽을 비닐에 넣어 치대고 얇은 네모 모양으로 만든 후 냉장휴지한다.

Tip 냉장휴지를 시켜야 수축을 방지할 수 있다.

02 버터를 풀어준 후 설탕과 소금을 넣고 섞는다.

06 [06~09 충전물 만들기]
버터를 풀어준 후 설탕을 나누어 넣으면서 섞는다.

03 달걀을 나누어 넣으면서 크림화한다.

07 달걀을 나누어 넣으면서 크림화한다.

04 체질한 박력분을 넣고 11자로 섞는다.

Tip 박력분을 혼합할 때 오버믹싱이 되지 않도록 주의한다.

08 체질한 아몬드분말을 넣고 섞는다.

09 브랜디를 넣고 섞는다.

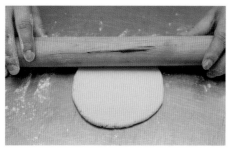

10 [10~15 제품 만들기]
휴지시킨 반죽을 분할하여 살짝 치댄 후 밀대를
이용하여 0.3cm로 밀어 편다(8개 제조).

11 타르트팬에 맞춰 팬닝한 후 가장자리를 정리하
고 포크를 이용하여 바닥에 구멍을 낸다.
Tip 바닥에 구멍을 내는 것은 반죽과 팬 사이에
공기가 들어가지 않도록 하기 위함이다.

12 짤주머니에 원형깍지를 끼우고 충전물(아몬드크
림)을 균등하게 짠 후 윗면에 아몬드슬라이스를
뿌린다.

13 윗불 180℃, 아랫불 200℃에서 10분 전후로 구
운 후 아랫불을 220℃로 올려 20분 정도 더 굽
는다.
Tip 아랫불이 높아야 색이 고르게 난다.

14 에프리코트혼당과 물을 끓여 광택제를 만든다.
Tip 타지 않도록 너무 센불에서 끓이지 않는다.

15 팬에서 제품을 분리한 후 윗면에 광택제를 바른
다.
Tip 광택제는 뜨거울 때 발라야 한다.

슈

 시험시간
2시간

 반죽방법
전분의 호화를 이용한 반죽

 오븐온도
180℃/200℃ → 180℃/160℃

How to Make

배 합 표

비율(%)	재료명	무게(g)
100	중력분	200
125	물	250
100	버터	200
1	소금	2
200	달걀	400
526	계	1,052

※ 충전용 재료는 계량시간에서 제외

비율(%)	재료명	무게(g)
500	커스터드 크림	1,000

요구사항

슈를 제조하여 제출하시오.

❶ 배합표의 각 재료를 계량하여 재료별로 진열하시오(5분).

- 재료계량(재료당 1분) → [감독위원 계량 확인] → 작품제조 및 정리정돈(전체 시험시간−재료계량시간)
- 재료계량시간 내에 계량을 완료하지 못하여 시간이 초과된 경우 및 계량을 잘못한 경우는 추가의 시간 부여 없이 작품제조 및 정리정돈 시간을 활용하여 요구사항의 무게대로 계량
- 달걀의 계량은 감독위원이 지정하는 개수로 계량

❷ 껍질 반죽은 수작업으로 하시오.
❸ 반죽은 직경 3cm 전후의 원형으로 짜시오.
❹ 커스터드 크림을 껍질에 넣어 제품을 완성하시오.
❺ 반죽은 전량을 사용하여 성형하시오.

주요공정 Check

사전 작업 > **굽기 중**

- 오븐 예열
- 가루 체질
- 달걀 깨기
- 평철판, 짤주머니, 원형깍지 준비
- 스프레이 준비

- 가위, 비닐 짤주머니 준비
- 커스터드 크림 계량
- 젓가락 준비
- 타공팬 준비

01 재료를 시간 내에 정확하게 계량한다.

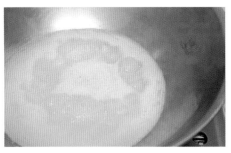

02 스텐볼에 물과 버터, 소금을 넣고 끓인다.

03 불을 끄고 체질한 중력분을 넣는다.

04 한 덩어리가 되면 다시 불을 켜서 호화시킨다.
Tip 호화시킬 때 타지 않게 바닥을 긁으며 빨리 섞어준다.

05 불에서 내린 후 달걀을 조금씩 나누어 넣으면서 섞는다.
Tip 호화 정도에 따라 달걀의 양을 조절한다(호화가 많이 되면 달걀이 많이 들어가고, 호화가 덜 되면 달걀이 적게 들어간다).

06 반죽이 매끈해지고 광택이 나면서 끈기가 생기게 만든다.

07 짤주머니에 1cm의 원형깍지를 끼우고 반죽을 넣는다.
Tip 반죽을 많이 넣으면 위로 새어 나와 작업하기 불편하다.

08 3cm 정도의 원형 모양으로 간격을 일정하게 짠다.

09 스프레이를 이용하여 물을 충분히 뿌려준다.

10 윗불 180℃, 아랫불 200℃에서 굽다가 약 10분 뒤 팽창된 상태를 확인한 후 아랫불을 160℃로 낮추어 30분 정도 더 굽는다.

Tip 갈라진 부분도 색이 날 때까지 충분히 구워야 제품이 주저앉지 않는다.

11 비닐 짤주머니에 충전용 크림을 넣는다.

12 냉각된 슈의 아랫면에 나무젓가락으로 구멍을 낸다.

13 비닐 짤주머니를 이용하여 충전용 크림을 넣는다.

14 제공된 크림을 골고루 채운다.

파이류

호두 파이

 시험시간
2시간 30분

 반죽방법
블렌딩법

오븐온도
180℃/200℃

제과기능사 — 호두 파이

껍질

비율(%)	재료명	무게(g)
100	중력분	400
10	달걀 노른자	40
1.5	소금	6
3	설탕	12
12	생크림	48
40	버터	160
25	물	100
191.5	계	766

충전물(※ 계량시간에서 제외)

비율(%)	재료명	무게(g)
100	호두	250
100	설탕	250
100	물엿	250
1	계핏가루	2.5(2)
40	물	100
240	달걀	600
581	계	1,452.5(1,452)

요구사항

호두 파이를 제조하여 제출하시오.

❶ 껍질 재료를 계량하여 재료별로 진열하시오(7분).

- 재료계량(재료당 1분) → [감독위원 계량 확인] → 작품제조 및 정리정돈(전체 시험시간−재료계량시간)
- 재료계량시간 내에 계량을 완료하지 못하여 시간이 초과된 경우 및 계량을 잘못한 경우는 추가의 시간 부여 없이 작품제조 및 정리정돈 시간을 활용하여 요구사항의 무게대로 계량
- 달걀의 계량은 감독위원이 지정하는 개수로 계량

❷ 껍질에 결이 있는 제품으로 손 반죽으로 제조하시오.

❸ 껍질 휴지는 냉장온도에서 실시하시오.

❹ 충전물은 개인별로 각자 제조하시오(호두는 구워서 사용).

❺ 구운 후 충전물의 층이 선명하도록 제조하시오.

❻ 제시한 팬 7개에 맞는 껍질을 제조하시오(팬 크기가 다를 경우 크기에 따라 가감).

❼ 반죽은 전량을 사용하여 성형하시오.

주요공정 Check

사전 작업 > **휴지 중** > **굽기 중**

- 오븐 예열
- 비닐 준비

- 충전물 계량
- 호두 전처리
- 달걀 깨기
- 파이팬에 유지, 밀가루 바르기
- 위생지, 밀대, 덧가루 준비

- 타공팬 준비

01 재료를 시간 내에 정확하게 계량한다.

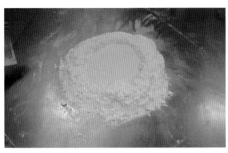

05 반죽 가운데를 우물처럼 만든 후 혼합한 재료를 넣고 스크래퍼로 섞는다.

02 찬물에 설탕과 소금을 용해시킨다.
Tip 가루재료와 같이 혼합해도 된다.

06 반죽을 한 덩어리로 만든 후 비닐에 감싸 30분 정도 냉장휴지한다.
Tip 반죽을 많이 치대지 않는다(글루텐이 형성되는 것을 방지한다).

03 생크림과 노른자를 풀어서 물에 섞는다.

07 [07~10 충전물 만들기]
예열된 오븐에 호두를 살짝 구워 전처리한다.

04 작업대에서 체질한 중력분 위에 버터를 올리고 스크래퍼를 이용하여 콩알만 한 크기로 다진다.

08 스텐볼에 물, 설탕, 계핏가루, 물엿을 넣은 후 설탕이 완전히 녹을 때까지 중탕한다.

09 기포가 생기지 않도록 달걀을 풀어준 후 섞는다.

▼ Tip 설탕 시럽이 뜨거우면 달걀이 익을 수 있으므로 온도에 주의한다.

10 완성된 충전물을 체를 이용하여 거른 후 스텐볼의 크기에 맞게 자른 위생지를 덮어 기포를 제거한다.

11 [11~15 제품 만들기]
팬에 버터(계량 외)를 바른 후 밀가루(계량 외)를 묻혀 놓는다.

12 휴지시킨 반죽을 밀어 편 후 팬에 올리고 옆 가장자리 반죽을 스크래퍼를 이용하여 잘라 낸다.

13 손가락을 이용하여 물결 모양으로 정형한다.

14 전처리한 호두를 팬에 나누어 넣은 후 충전물을 고르게 넣는다.

15 윗불 180℃, 아랫불 200℃에서 30~40분 동안 굽는다.

Tip 파이류는 덜 익으면 제품이 주저앉거나 부서질 수 있기 때문에 아랫불을 높게 한다.

흑미롤케이크(공립법)

🕐 시험시간
1시간 50분

🥣 반죽방법
공립법

🔥 오븐온도
180℃/160℃

How to Make

비율(%)	재료명	무게(g)
80	박력쌀가루	240
20	흑미쌀가루	60
100	설탕	300
155	달걀	465
0.8	소금	2.4(2)
0.8	베이킹파우더	2.4(2)
60	우유	180
416.6	계	1,249.8(1,249)

※ 충전용 재료는 계량시간에서 제외

비율(%)	재료명	무게(g)
60	생크림	150

요구사항

흑미롤케이크(공립법)를 제조하여 제출하시오.

❶ 배합표의 각 재료를 계량하여 재료별로 진열하시오(10분).

- 재료계량(재료당 1분) → [감독관 계량 확인] → 작품제조 및 정리정돈(전체 시험시간 − 재료계량시간)
- 재료계량시간 내에 계량을 완료하지 못하여 시간이 초과된 경우 및 계량을 잘못한 경우는 추가의 시간 부여 없이 작품제조 및 정리정돈시간을 활용하여 요구사항의 무게대로 계량
- 달걀의 계량은 감독위원이 지정하는 개수로 계량

❷ 반죽은 공립법으로 제조하시오.
❸ 반죽온도는 25℃를 표준으로 하시오.
❹ 반죽의 비중을 측정하시오.
❺ 제시한 팬에 알맞도록 분할하시오.
❻ 반죽은 전량을 사용하여 성형하시오(시트의 밑면이 윗면이 되게 정형하시오).

주요공정 Check

사전 작업 > 반죽 중 > 굽기 중

- 오븐 예열
- 가루 합치기
- 달걀 깨기
- 중탕 준비

- 평철판에 종이 깔기
- 가루 체질
- 비중 컵, 물 무게 계량

- 생크림 계량
- 젖은 면포, 밀대, 스프레이 준비
- 타공팬 준비

01 재료를 시간 내에 정확하게 계량한다.

02 달걀을 풀어준 후 설탕과 소금을 넣고 중탕한다
(43℃).

　　Tip 중탕 온도가 너무 높으면 달걀 비린맛이 나고
　　　가루가 뭉칠 수 있으므로 주의한다.

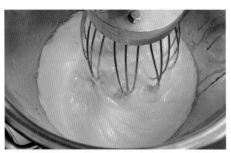

03 중탕한 달걀을 믹싱볼에 넣어 아이보리색이 날
때까지 고속으로 거품을 올린 후 중속으로 기포
를 안정화시킨다.

04 우유를 미지근하게 중탕한다(50℃).

　　Tip 우유를 60℃ 이상으로 중탕하면 영양소가
　　　파괴된다.

05 체질한 가루재료(박력쌀가루, 흑미쌀가루, 베
이킹파우더)를 넣고 섞는다.

　　Tip 믹싱볼 바닥에서부터 위로 털어 올리듯이
　　　섞는다.

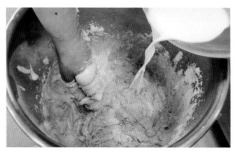

06 중탕한 우유를 넣고 섞는다.

07 종이를 깔아둔 평철판에 반죽온도 25℃, 비중
(0.5±0.05)을 확인한 반죽을 팬닝한다.

08 스크래퍼를 이용하여 윗면을 평평하게 한 후 윗
불 180℃, 아랫불 160℃에서 25~30분 동안 굽
는다.

　　Tip 오븐에 넣기 전 작업대에서 펀치을 주어서
　　　일정한 기포를 형성한다.

제과기능사 - 흑미롤케이크(공립형)

09 식힘망에서 냉각시킨다.

▼ **Tip** 철판에 그대로 두면 수분이 빠져나오면서 수축현상이 일어날 수 있다.

10 생크림을 거품기로 믹싱한다.

▼ **Tip** 믹싱볼 아래에 얼음을 받치고 믹싱하면 생크림이 잘 만들어진다.

11 물에 적신 면포를 준비하여 제품을 뒤집은 후 종이를 제거한다.

▼ **Tip** 면포를 물로 미리 적셔 놓고 위생지를 사용할 경우 말기 직전에 식용유를 충분히 바른다.

12 구운 윗면에 생크림을 고르게 펴바른다.

▼

13 말기 시작하는 부분을 2cm 간격으로 눌러준 후 밀대로 말아준다.

▼ **Tip** 제품 두께의 길이로 눌러주면 말 때 가운데까지 잘 말린다.

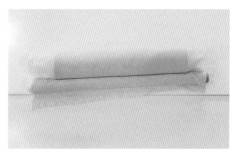

14 밀대를 이용하여 앞부분을 눌러 말아 원형이 잘 유지되도록 한다.

끝이 좋아야 시작이 빛난다.

– 마리아노 리베라(Mariano Rivera)

여러분의 작은 소리
에듀윌은 크게 듣겠습니다.

본 교재에 대한 여러분의 목소리를 들려주세요.

공부하시면서 어려웠던 점, 궁금한 점,

칭찬하고 싶은 점, 개선할 점, 어떤 것이라도 좋습니다.

에듀윌은 여러분께서 나누어 주신 의견을

통해 끊임없이 발전하고 있습니다.

에듀윌 도서몰 book.eduwill.net
- 부가학습자료 및 정오표: 에듀윌 도서몰 → 도서자료실
- 교재 문의: 에듀윌 도서몰 → 문의하기 → 교재(내용, 출간) / 주문 및 배송

2024 에듀윌 제과기능사 실기끝장

발 행 일	2024년 1월 18일 초판
편 저 자	오명석, 장다예, 박진홍
펴 낸 이	양형남
펴 낸 곳	(주)에듀윌
등록번호	제25100-2002-000052호
주 소	08378 서울특별시 구로구 디지털로34길 55
	코오롱싸이언스밸리 2차 3층

www.eduwill.net

대표전화 1600-6700

업계 최초 대통령상 3관왕,
정부기관상 19관왕 달성!

 2010 대통령상   2019 대통령상   2019 대통령상

 대한민국 브랜드대상 국무총리상   국무총리상   문화체육관광부 장관상   농림축산식품부 장관상   과학기술정보통신부 장관상   여성가족부장관상

 서울특별시장상   과학기술부장관상   정보통신부장관상   산업자원부장관상   고용노동부장관상   미래창조과학부장관상   법무부장관상

2004
서울특별시장상 우수벤처기업 대상

2006
부총리 겸 과학기술부장관 표창 국가 과학 기술 발전 유공

2007
정보통신부장관상 디지털콘텐츠 대상
산업자원부장관 표창 대한민국 e비즈니스대상

2010
대통령 표창 대한민국 IT 이노베이션 대상

2013
고용노동부장관 표창 일자리 창출 공로

2014
미래창조과학부장관 표창 ICT Innovation 대상

2015
법무부장관 표창 사회공헌 유공

2017
여성가족부장관상 사회공헌 유공
2016 합격자 수 최고 기록 KRI 한국기록원 공식 인증

2018
2017 합격자 수 최고 기록 KRI 한국기록원 공식 인증

2019
대통령 표창 범죄예방대상
대통령 표창 일자리 창출 유공
과학기술정보통신부장관상 대한민국 ICT 대상

2020
국무총리상 대한민국 브랜드대상
2019 합격자 수 최고 기록 KRI 한국기록원 공식 인증

2021
고용노동부장관상 일·생활 균형 우수 기업 공모전 대상
문화체육관광부장관 표창 근로자휴가지원사업 우수 참여 기업
농림축산식품부장관상 대한민국 사회공헌 대상
문화체육관광부장관 표창 여가친화기업 인증 우수 기업

2022
국무총리 표창 일자리 창출 유공
농림축산식품부장관상 대한민국 ESG 대상

에듀윌 제과기능사
실기끝장

초단기 합격 패키지

1 실기 전 과제 저자 직강 무료
- **이용방법1** 교재 내 QR코드 접속
- **이용방법2** 유튜브 '에듀윌 자격증' 채널 ▶ '제과제빵기능사 실기' 검색
- **이용방법3** 에듀윌 도서몰(book.eduwill.net) 로그인 ▶ 동영상강의실 ▶ '제과제빵기능사 실기' 검색

2 뜯어 쓰는 휴대용 실기공정 노트
- **이용방법** 교재 내 수록

3 혼자 연습하는 MINI 배합표(PDF)
- **이용방법** 에듀윌 도서몰(book.eduwill.net) 로그인 ▶ 도서자료실 ▶ 부가학습자료 ▶ '제과제빵기능사 실기' 검색

4 산업기사 대비 과제(PDF)
- **이용방법** 에듀윌 도서몰(book.eduwill.net) 로그인 ▶ 도서자료실 ▶ 부가학습자료 ▶ '제과제빵기능사 실기' 검색

NCS 국가직무능력표준
National Competency Standards

베스트셀러 **1위** YES24 수험서 자격증 한국산업인력공단 제과·제빵 베스트셀러 1위
(2018년 5월 1주 주별 베스트)

2023 대한민국 브랜드만족도 제과·제빵기능사 교육 1위
(한경비즈니스)

고객의 꿈, 직원의 꿈, 지역사회의 꿈을 실현한다

펴낸곳 (주)에듀윌   **펴낸이** 양형남   **출판총괄** 오용철   **에듀윌 대표번호** 1600-6700
주소 서울시 구로구 디지털로 34길 55 코오롱싸이언스밸리 2차 3층   **등록번호** 제25100-2002-000052호
협의 없는 무단 복제는 법으로 금지되어 있습니다.

에듀윌 도서몰	• 부가학습자료 및 정오표: 에듀윌 도서몰 > 도서자료실
book.eduwill.net	• 교재 문의: 에듀윌 도서몰 > 문의하기 > 교재(내용, 출간) / 주문 및 배송

2024

에듀윌
제빵
기능사
실기끝장

오명석, 장다예, 박진홍 편저

NCS 기반
최신 출제기준
+
신규 과제
완벽 반영

실기 감독위원(前) 집필+모든 과제 저자 직강 무료

**초단기 합격
패키지**

1 뜯어 쓰는 휴대용 실기공정 노트
2 혼자 연습하는 MINI 배합표(PDF)
3 산업기사 대비 과제(PDF)

eduwill

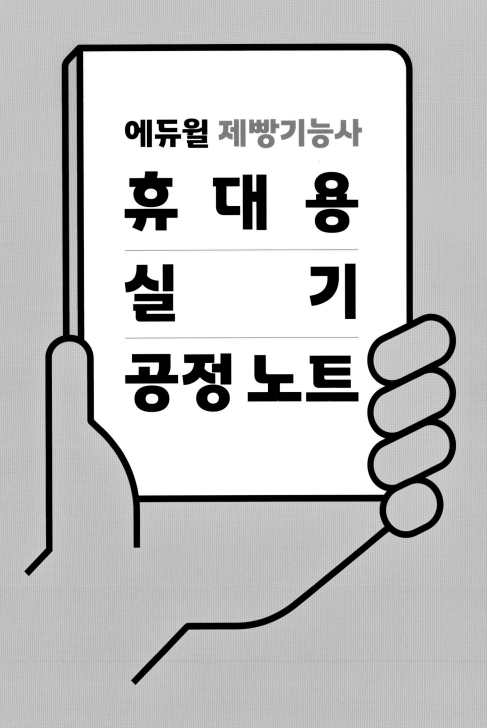

에듀윌 제빵기능사

휴대용
실 기
공정노트

eduwill

우유식빵

본책 P.12

❶ 재료를 시간 내에 정확하게 계량한다.
❷ 쇼트닝을 제외한 모든 재료를 넣고 믹싱하다가 클린업 단계에서 쇼트닝을 넣는다.
❸ 최종 단계까지 믹싱한다.
❹ 반죽온도는 27℃로 한다.
❺ 온도 27℃, 습도 75~80%에서 40~50분 동안 1차 발효를 한다.
❻ 180g씩 분할한다.
❼ 둥글리기를 한 후 실온에서 10~15분 동안 중간 발효를 한다.
❽ 밀대로 반죽을 밀어 펴 가스를 뺀다.
❾ 3겹 접기를 한다.
❿ 끝부분부터 반죽을 말아준다.
⓫ 이음매 부분이 터지지 않도록 잘 봉합한다.
⓬ 이음매가 바닥으로 향하게 3개씩 팬닝하고 아랫부분에 공간이 남지 않도록 윗부분을 살짝 눌러준다.
⓭ 온도 35~40℃, 습도 85~90%에서 30분 전후로 2차 발효를 한다(팬 위로 1cm 정도 올라온 상태).
⓮ 윗불 170℃, 아랫불 190℃에서 30분 전후로 굽는다.

풀만식빵

본책 P.16

❶ 재료를 시간 내에 정확하게 계량한다.
❷ 쇼트닝을 제외한 모든 재료를 넣고 믹싱하다가 클린업 단계에서 쇼트닝을 넣는다.
❸ 최종 단계까지 믹싱한다.
❹ 반죽온도는 27℃로 한다.
❺ 매끄럽게 둥글리기를 한 후 온도 27℃, 습도 75~80%에서 40~50분 동안 1차 발효를 한다.
❻ 250g씩 분할한다.
❼ 매끄럽게 둥글리기를 한다.
❽ 실온에서 10~20분 동안 중간 발효를 한다.
❾ 밀대를 이용하여 반죽을 밀어 펴 가스를 뺀다.
❿ 3겹 접기를 한다.
⓫ 끝부분부터 반죽을 말아준다.
⓬ 이음매 부분이 터지지 않도록 잘 봉합한다.
⓭ 이음매가 바닥으로 향하게 2개씩 팬닝한 후 아랫부분에 공간이 남지 않도록 윗부분을 살짝 눌러준다.
⓮ 온도 35~40℃, 습도 85~95%에서 30분 전후로 2차 발효를 한다. 팬 높이 정도까지 올라왔을 때 뚜껑을 덮는다.
⓯ 윗불 190℃, 아랫불 190℃에서 30~40분 정도 굽는다.

버터톱 식빵

시험시간 3시간 30분
오븐온도 180℃/190℃

본책 P.20

① 재료를 시간 내에 정확하게 계량한다.
② 버터를 제외한 모든 재료를 넣고 믹싱하다가 클린업 단계에서 버터를 넣는다.
③ 최종 단계까지 믹싱한다.
④ 반죽온도는 27℃로 한다.
⑤ 온도 27℃, 습도 75~80%에서 40~50분 동안 1차 발효를 한다.
⑥ 460g씩 분할한다.
⑦ 둥글리기를 한 후 실온에서 15~20분 동안 중간 발효를 한다.
⑧ 밀대를 이용하여 윗부분보다 아랫부분의 간격을 좀 더 넓게 밀어 편다.
⑨ 위에서부터 원로프형으로 말아준다.
⑩ 이음매 부분이 터지지 않도록 잘 봉합한다.
⑪ 이음매가 바닥으로 향하게 팬닝하고 반죽이 팬 바닥에 잘 밀착되도록 윗부분을 살짝 눌러 준다.
⑫ 온도 35~40℃, 습도 85~90%에서 30분 전후로 2차 발효를 한다(팬 아래 2cm 정도까지).
⑬ 반죽의 중앙부분에 0.5cm 깊이로 칼집을 낸다.
⑭ 칼집 위에 버터를 짜준다.
⑮ 윗불 180℃, 아랫불 190℃에서 30분 전후로 굽는다.

식빵(비상스트레이트법)

시험시간 2시간 40분
오븐온도 180℃/190℃

본책 P.24

① 재료를 시간 내에 정확하게 계량한다.
② 쇼트닝을 제외한 모든 재료를 넣고 믹싱하다가 클린업 단계에서 쇼트닝을 넣는다.
③ 최종 단계에서 보통 식빵보다 20~25% 정도 더 믹싱한다.
④ 반죽온도를 30℃로 맞춘 후 온도 30℃, 습도 75~80%에서 15~30분 동안 1차 발효를 한다.
⑤ 170g씩 분할한다.
⑥ 매끄럽게 둥글리기를 한다.
⑦ 실온에서 10~15분 동안 중간 발효를 한다.
⑧ 밀대로 반죽을 밀어 펴 가스를 뺀다.
⑨ 3겹 접기를 한다.
⑩ 끝부분부터 반죽을 말아준다.
⑪ 이음매 부분이 터지지 않도록 잘 봉합한다.
⑫ 이음매가 바닥으로 향하도록 3개씩 팬닝하고 아랫부분에 공간이 남지 않도록 윗부분을 살짝 눌러준다.
⑬ 온도 35~40℃, 습도 85~90%에서 30분 전후로 2차 발효를 한다(팬 높이 정도까지).
⑭ 윗불 180℃, 아랫불 190℃에서 30분 전후로 굽는다.

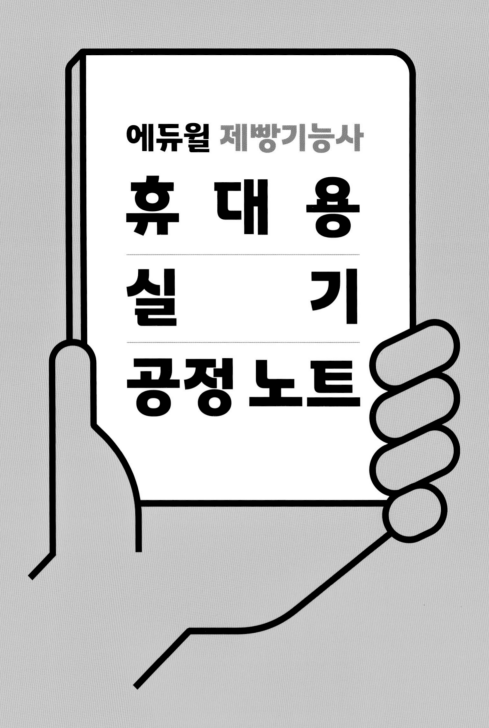

에듀윌 **제빵기능사**

휴대용
실　　기
공정 노트

eduwill

버터 롤

How to Make

🕐 시험시간
3시간 30분

🔲 오븐온도
200℃/
140~150℃

본책 P.38

❶ 재료를 시간 내에 정확하게 계량한다.
❷ 버터를 제외한 모든 재료를 넣고 믹싱하다가 클린업 단계에서 버터를 넣는다.
❸ 최종 단계까지 믹싱한다.
❹ 반죽온도는 27℃로 한다.
❺ 온도 27℃, 습도 75~80%에서 40~50분 동안 1차 발효를 한다.
❻ 손(또는 스크래퍼)으로 50g씩 분할한다.
❼ 매끄럽게 둥글리기를 한다.
❽ 실온에서 10~20분 동안 중간 발효를 한다.
❾ 한쪽 끝은 가늘고 다른 쪽은 둥글게 성형한다(원추모양).
❿ 밀대를 이용하여 반죽을 25~27cm로 밀어준다.
⓫ 간격이 넓은 부분부터 좌우 간격을 일정하게 하여 끝부분까지 잘 말아준다.
⓬ 이음매 부분을 아래로 하여 팬닝한 후 윗부분을 살짝 눌러준다.
⓭ 온도 35~40℃, 습도 85~90%에서 25~30분 동안 2차 발효를 한다.
⓮ 윗불 200℃, 아랫불 140~150℃에서 15분 전후로 굽는다.

단과자빵(트위스트형)

How to Make

🕐 시험시간
3시간 30분

🔲 오븐온도
200℃/150℃

본책 P.42

❶ 재료를 시간 내에 정확하게 계량한다.
❷ 쇼트닝을 제외한 모든 재료를 넣고 믹싱하다가 클린업 단계에서 쇼트닝을 넣는다.
❸ 최종 단계까지 믹싱한다.
❹ 반죽온도는 27℃로 한다.
❺ 온도 27℃, 습도 75~80%에서 40~50분 동안 1차 발효를 한다.
❻ 손(또는 스크래퍼)으로 50g씩 분할한다.
❼ 매끄럽게 둥글리기를 한다.
❽ 실온에서 10~20분 동안 중간 발효를 한다.
❾ 반죽을 길게 늘여 가스를 뺀다.
❿ 팔자형은 반죽을 25cm 길이로 늘인 후 8자 모양으로 꼬아 만든다.
⓫ 달팽이형은 반죽을 30~35cm로 늘인 후 굵은 쪽을 중심으로 돌려감아 원을 만들고 끝부분
   을 아래쪽으로 넣는다.
⓬ 온도 35~40℃, 습도 85~90%에서 30분 전후로 2차 발효를 한다.
⓭ 윗불 200℃, 아랫불 150℃에서 10~12분 동안 굽는다.

단과자빵 (크림빵)

 시험시간
3시간 30분

 오븐온도
200℃/150℃

How to Make

본책 P.46

1. 재료를 시간 내에 정확하게 계량한다.
2. 쇼트닝을 제외한 모든 재료를 넣고 믹싱하다가 클린업 단계에서 쇼트닝을 넣는다.
3. 최종 단계까지 믹싱한다.
4. 반죽온도는 27℃로 한다.
5. 온도 27℃, 습도 75~80%에서 40~50분 동안 1차 발효를 한다.
6. 손(또는 스크래퍼)으로 45g씩 분할한다.
7. 매끄럽게 둥글리기를 한다.
8. 실온에서 10~20분 동안 중간 발효를 한다.
9. 타원형으로 밀어 편다.
10. 12개는 크림 30g을 넣고 가장자리에 물을 발라 붙인다.
11. 밑면보다 윗면을 조금 더 길게 덮은 후 스크래퍼를 이용하여 칼집을 5군데 낸다.
12. 크림을 충전하지 않는 반죽은 반죽의 절반 정도에 식용유를 바른다.
13. 식용유를 바른 부분을 밑면으로 하고 윗면을 조금 더 길게 덮는다.
14. 간격을 맞춰 팬에 팬닝한다.
15. 온도 35~40℃, 습도 85~90%에서 30~40분 동안 2차 발효를 한다.
16. 윗불 200℃, 아랫불 160℃에서 10~12분 동안 굽는다.

단과자빵 (소보로빵)

 시험시간
3시간 30분

  오븐온도
190℃/160℃

How to Make

본책 P.50

1. 재료를 시간 내에 정확하게 계량한다.
2. 마가린을 제외한 모든 재료를 넣고 믹싱하다가 클린업 단계에서 마가린을 넣는다.
3. 최종 단계까지 믹싱한다.
4. 반죽온도를 27℃로 맞춘 후 온도 27℃, 습도 75~80%에서 40~50분 동안 1차 발효를 한다.
5. 50g씩 손(또는 스크래퍼)으로 분할한다.
6. 매끄럽게 둥글리기를 한다.
7. 실온에서 10~20분 동안 중간 발효를 한다.
8. [8~11 토핑 만들기] 거품기를 이용하여 마가린과 땅콩버터를 부드럽게 풀어준다.
9. 소금, 설탕, 물엿을 넣고 크림화한다.
10. 달걀을 넣으며 섞일 정도까지 크림화한다.
11. 체질한 가루재료(중력분, 탈지분유, 베이킹파우더)를 살짝만 혼합하고 노란색이 될 때까지 손으로 보슬보슬 비벼준다.
12. [12~16 제품 만들기] 바닥에 소보로를 적당히 깔고 중간 발효된 반죽을 재둥글리기하여 가스를 뺀 후 살짝 물을 적신다.
13. 반죽을 소보로 위에 올리고 손으로 힘껏 누른다. 소보로를 골고루 묻히면서 전체 무게를 80g으로 맞춘다.
14. 철판에 팬닝 후 동그란 모양을 잡아주고 윗부분을 살짝 눌러준다.
15. 온도 35~40℃, 습도 85~90%에서 20~25분 동안 2차 발효를 한다.
16. 윗불 190℃, 아랫불 160℃에서 12~15분 동안 굽는다.

단팥빵(비상스트레이트법)

 시험시간 3시간   **오븐온도** 190℃/170℃

How to Make

본책 P.54

1. 재료를 시간 내에 정확하게 계량한다.
2. 마가린과 팥앙금을 제외한 모든 재료를 넣고 믹싱하다가 클린업 단계에서 마가린을 넣는다.
3. 최종 단계에서 20~25% 더 믹싱한다.
4. 비상스트레이트법이므로 반죽온도는 30℃로 한다.
5. 온도 30℃, 습도 75~80%에서 15~30분 동안 1차 발효를 한다.
6. 손(또는 스크래퍼)으로 50g씩 분할한다.
7. 매끄럽게 둥글리기를 한다.
8. 실온에서 10~15분 동안 중간 발효를 한다.
9. 헤라를 이용하여 팥앙금을 40g씩 넣는다.
10. 이음매가 터지지 않도록 잘 봉합한다.
11. 성형이 끝난 후 12개는 단팥이 상하좌우로 고루 분포되도록 반죽 중앙을 눌러준다(감독위원의 지시에 따른다).
12. 온도 35~40℃, 습도 85~90%에서 20~30분 동안 2차 발효를 한다.
13. 윗불 190℃, 아랫불 170℃에서 10~15분 동안 굽는다.

통밀빵

 시험시간 3시간 30분 **오븐온도** 190℃/160℃

How to Make

본책 P.58

1. 재료를 시간 내에 정확하게 계량한다.
2. 버터를 제외한 모든 재료를 넣고 믹싱하다가 클린업 단계에서 버터를 넣고 발전 단계까지 믹싱한다.
3. 반죽온도는 25℃로 한다.
4. 온도 27℃, 습도 70~80%에서 50~60분 동안 1차 발효를 한다.
5. 스크래퍼를 이용하여 200g씩 분할한다.
6. 매끄럽게 둥글리기를 한다.
7. 실온에서 10~20분 동안 중간 발효를 한다.
8. 밀대로 반죽을 밀어 편 후 3겹 접기를 한다.
9. 22~23cm의 밀대(봉)형으로 성형한다.
10. 붓(또는 스프레이)으로 윗면에 물을 묻힌다.
11. 오트밀을 고르게 묻힌다.
12. 철판에 팬닝을 한다.
13. 온도 35~40℃, 습도 85~90%에서 30~40분 동안 2차 발효를 한다.
14. 윗불 190℃, 아랫불 160℃에서 20분 전후로 굽는다.

옥수수식빵

How to Make

시험시간 3시간 40분

오븐온도 170℃/190℃

본책 P.28

❶ 재료를 시간 내에 정확하게 계량한다.
❷ 쇼트닝을 제외한 모든 재료를 넣고 믹싱하다가 클린업 단계에서 쇼트닝을 넣는다.
❸ 발전 단계까지 믹싱한다.
❹ 반죽온도는 27℃로 한다.
❺ 온도 27℃, 습도 75~80%에서 40~50분 동안 1차 발효를 한다.
❻ 180g씩 분할하여 둥글리기를 한 후 실온에서 10~20분 동안 중간 발효를 한다.
❼ 밀대를 이용하여 반죽을 밀어 펴 가스를 뺀다.
❽ 3겹 접기를 한 후 말아준다.
❾ 이음매 부분이 터지지 않도록 잘 봉합한다.
❿ 이음매가 바닥으로 향하게 3개씩 팬닝한 후 온도 35~40℃, 습도 85~90%에서 30분 전후로 2차 발효를 한다(팬 위로 1cm 정도까지).
⓫ 윗불 170℃, 아랫불 190℃에서 30분 전후로 굽는다.

밤식빵

How to Make

시험시간 3시간 40분

오븐온도 180℃/190℃

본책 P.32

❶ 재료를 시간 내에 정확하게 계량한다.
❷ 버터를 제외한 모든 재료를 넣고 믹싱하다가 클린업 단계에서 버터를 넣는다.
❸ 최종 단계까지 믹싱한다.
❹ 반죽온도는 27℃로 한다.
❺ 온도 27℃, 습도 75~80%에서 40~50분 동안 1차 발효를 한다.
❻ 450g씩 분할한다.
❼ 매끄럽게 둥글리기를 한다.
❽ 실온에서 10~20분 동안 중간 발효를 한다.
❾ 밀대를 이용하여 반죽을 길게 밀어 펴 가스를 뺀다.
❿ 밀어 편 반죽을 뒤집어 반죽 위에 물기를 제거한 밤 80g을 골고루 올려준다.
⓫ 위에서부터 원로프형으로 둥글게 말아준다.
⓬ 이음매 부분이 터지지 않도록 잘 봉합한다.
⓭ 이음매가 바닥으로 향하게 팬닝하고, 온도 35~40℃, 습도 85~90%에서 30분 전후로 2차 발효를 한다(팬 아래 2cm 정도까지).
⓮ [⓮~⓰ 토핑 만들기] 풀어준 마가린에 설탕을 나누어 넣으면서 휘핑한다.
⓯ 달걀을 넣고 섞는다.
⓰ 체질한 가루재료(중력분, 베이킹파우더)를 넣고 가루가 보이지 않을 때까지 섞는다.
⓱ [⓱~⓳ 제품 만들기] 짤주머니를 이용하여 2차 발효가 끝난 반죽 위에 토핑물을 짜준다.
⓲ 토핑물 위에 아몬드슬라이스를 뿌린다.
⓳ 윗불 180℃, 아랫불 190℃에서 30분 전후로 굽는다.

호밀빵

시험시간
3시간 30분

오븐온도
190℃/180℃
>180℃/160℃

How to Make

본책 P.64

❶ 재료를 시간 내에 정확하게 계량한다.
❷ 쇼트닝을 제외한 모든 재료를 넣고 믹싱하다가 클린업 단계에서 쇼트닝을 넣은 후 발전 단계까지 믹싱한다.
❸ 반죽온도를 25℃로 맞춘 후 온도 27℃, 습도 75~80%에서 1시간 10분~1시간 30분 동안 1차 발효를 한다.
❹ 330g씩 분할하여 둥글리기를 한 후 실온에서 10~20분 동안 중간 발효를 한다.
❺ 밀대를 이용하여 반죽을 밀어 펴 가스를 뺀다.
❻ 윗부분보다 아랫부분의 간격을 더 넓게 한 후 위에서부터 말아준다.
❼ 이음매 부분이 터지지 않도록 잘 봉합하고 온도 35~40℃, 습도 85~90%에서 30~40분 동안 2차 발효를 한다.
❽ 반죽 표면을 살짝 말리고 칼집을 넣는다.
❾ 스프레이를 이용하여 물을 뿌려준다.
❿ 윗불 190℃, 아랫불 180℃로 10분 정도 굽다가 윗불 180℃, 아랫불 160℃로 낮추어 15~20분 정도 더 굽는다.

모카빵

시험시간
3시간 30분

오븐온도
190℃/160℃

How to Make

본책 P.68

❶ 재료를 시간 내에 정확하게 계량한다.
❷ 건포도를 물로 전처리한 후 체에 거른다.
❸ 건포도와 버터를 제외한 모든 재료를 넣고 믹싱하다가 클린업 단계에서 버터를 넣고 최종 단계까지 믹싱한다.
❹ 최종 단계에서 물기를 제거한 건포도를 넣고 골고루 섞일 때까지 저속으로 섞는다.
❺ 반죽온도를 27℃로 맞춘 후 온도 27℃, 습도 75~80%에서 40~50분 동안 1차 발효를 한다.
❻ [❻~❿ 비스킷 만들기] 버터를 풀어준다.
❼ 설탕, 소금을 넣고 크림화한다.
❽ 달걀을 나누어 넣으면서 크림화한다.
❾ 체질한 가루재료(박력분, 베이킹파우더)를 넣고 가볍게 섞다가 우유를 넣고 섞는다.
❿ 비닐에 싸서 밀봉한 후 30분 정도 냉장휴지시킨다.
⓫ [⓫~⓰ 제품 만들기] 250g씩 분할하여 둥글리기를 한 후 실온에서 10~20분 동안 중간 발효를 한다.
⓬ 비스킷을 100g씩 분할하여 살짝 치댄다.
⓭ 반죽을 밀대로 밀어 편 후 타원형으로 말아 이음매를 잘 봉합한다.
⓮ 비스킷을 밀대로 밀고, 붓(또는 스프레이)으로 반죽 위에 물을 바른다.
⓯ 비스킷이 반죽의 바닥까지 거의 덮일 정도로 씌운 후 온도 35~40℃, 습도 85~90%에서 30분 전후로 2차 발효를 한다.
⓰ 윗불 190℃, 아랫불 160℃에서 25~30분 동안 굽는다.

빵도넛

본책 P.90

1. 재료를 시간 내에 정확하게 계량한다.
2. 쇼트닝을 제외한 모든 재료를 넣고 믹싱하다가 클린업 단계에서 쇼트닝을 넣는다.
3. 최종 단계까지 믹싱한다.
4. 반죽온도는 27℃로 한다.
5. 온도 27℃, 습도 75~80%에서 40~50분 동안 1차 발효를 한다.
6. 46g씩 손(또는 스크래퍼)으로 분할한다.
7. 표면이 매끄럽게 둥글리기를 한다.
8. 실온에서 10~20분 동안 중간 발효를 한다.
9. 반죽을 30cm 정도로 늘인 후 8자형과 꽈배기형으로 성형한다.
10. 온도 27℃, 습도 75~80%에서 25~30분 동안 2차 발효를 한다.
11. 기름은 2차 발효할 때 180~185℃로 예열한다.
12. 2차 발효된 반죽을 실온에서 1~2분 정도 말린 후 두꺼운 부분을 잡고 벽을 타면서 넣는다.
13. 한쪽 면의 색깔이 나면 한 번만 뒤집은 다음 튀김망으로 건져내서 기름을 빼준다.
14. 완성 시 옆면에 흰 선이 생기고 모양은 좌우가 대칭이 되어야 한다.

쌀식빵

본책 P.94

1. 재료를 시간 내에 정확하게 계량한다.
2. 쇼트닝을 제외한 모든 재료를 믹싱하다가 클린업 단계에서 쇼트닝을 넣는다.
3. 발전 단계까지 믹싱한다.
4. 반죽온도는 27℃로 한다.
5. 온도 27℃, 습도 75~80%에서 40~50분 동안 1차 발효를 한다.
6. 198g씩 분할하여 둥글리기를 한다.
7. 실온에서 10~15분 동안 중간 발효를 한다.
8. 밀대로 반죽을 밀어 펴 가스를 뺀다.
9. 3겹 접기를 한다.
10. 밀대로 다시 3겹 접기한 부분을 밀어 편다.
11. 끝부분부터 반죽을 말아준다.
12. 이음매 부분이 터지지 않도록 잘 봉합한다.
13. 이음매가 바닥으로 향하게 3개씩 팬닝하고 아랫부분에 공간이 남지 않도록 윗부분을 살짝 눌러준다.
14. 온도 35~40℃, 상대습도 85~90%에서 30분 전후로 2차 발효를 한다(팬 위로 0.5cm 정도 올라온 상태). 윗불 170℃, 아랫불 190℃에서 30분 전후로 굽는다.

베이글

How to Make

시험시간 3시간 30분　**오븐온도** 200℃/170℃

본책 P.80

① 재료를 시간 내에 정확하게 계량한다.
② 모든 재료를 넣고 발전 단계까지 믹싱한다.
③ 반죽온도를 27℃로 맞춘 후 온도 27℃, 습도 75~80%에서 40~50분 동안 1차 발효를 한다.
④ 손(또는 스크래퍼)으로 80g씩 분할하여 둥글리기를 한다.
⑤ 실온에서 10~20분 동안 중간 발효를 한다.
⑥ 밀대를 이용하여 반죽을 길게 밀어 가스를 뺀다.
⑦ 반죽의 윗면과 아랫면을 접는다.
⑧ 반죽을 접어주면서 가스를 뺀다.
⑨ 20cm 길이의 두께가 일정한 막대 모양으로 민다.
⑩ 이음매를 위로 뒤집어 끝부분을 밀대로 얇게 밀어 편다.
⑪ 얇게 민 부분으로 반대쪽 끝을 감싼다.
⑫ 떨어지지 않도록 이음매를 봉합하여 일정한 원형이 되도록 한다.
⑬ 동일한 크기의 원형이 되도록 모양을 잡아준다.
⑭ 한 팬에 8개씩 일정한 간격으로 팬닝한다.
⑮ 온도 35~40℃, 습도 85~90%에서 15~20분 동안 2차 발효를 한다.
⑯ 실온에서 표면을 살짝 건조시킨 후 끓는 물에 앞·뒤로 데친다.
⑰ 물기를 뺀 후 이음매가 아래로 가도록 다시 팬닝을 한다.
⑱ 윗불 200℃, 아랫불 170℃에서 18~20분 동안 굽는다.

스위트 롤

How to Make

시험시간 3시간 30분　**오븐온도** 200℃/160℃

본책 P.86

① 재료를 시간 내에 정확하게 계량한다.
② 쇼트닝을 제외한 모든 재료를 넣고 믹싱하다가 클린업 단계에서 쇼트닝을 넣는다.
③ 최종 단계까지 믹싱한다.
④ 반죽온도를 27℃로 맞춘 후 온도 27℃, 습도 75~80%에서 40~50분 동안 1차 발효를 한다.
⑤ 세로 40cm, 두께 0.5cm 정도의 직사각형으로 밀어 편다.
⑥ 가장자리 1cm만 남기고 녹인 버터를 두껍지 않게 바른다.
⑦ 충전용 설탕과 계핏가루를 섞어 골고루 뿌려준다.
⑧ 원통형으로 단단하게 말아준다.
⑨ 남은 1cm에 용해한 버터나 물을 바른 후 이음매 부분이 터지지 않도록 잘 봉합한다.
⑩ 약 4cm 길이로 자른 후 가운데를 2/3 정도 깊이로 자른다.
⑪ 야자잎형으로 12개를 성형한 후 팬닝한다.
⑫ 약 5cm 길이로 자른 후 3등분 간격이 되는 부분에서 각 2/3 정도 깊이로 자른다.
⑬ 트리플리프(세 잎새형)로 9개를 성형한 후 팬닝한다. 온도 35~40℃, 습도 85~90%에서 25~30분 동안 2차 발효를 한다.
⑭ 윗불 200℃, 아랫불 160℃에서 10~15분 동안 굽는다.

그리시니

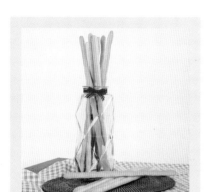

본책 P.72

① 재료를 시간 내에 정확하게 계량한다.
② 로즈마리는 칼로 살짝 잘라서 믹싱할 때 같이 넣는다.
③ 버터를 포함한 전 재료를 넣고 발전 단계까지 믹싱한다.
④ 반죽온도를 27℃로 맞춘 후 온도 27℃, 습도 75~80%에서 15~30분 동안 1차 발효를 한다.
⑤ 30g씩 분할하고 둥글리기를 한 후 실온에서 10~20분 동안 중간 발효를 한다.
⑥ 반죽을 손바닥으로 눌러 납작하게 만든 후 돌돌 말아 스틱형으로 만든다.
⑦ 중간 성형을 한 후 10~20분 동안 중간 발효를 한다.
⑧ 한 번에 밀어 펴지 말고 세번에 나누어 35~40cm로 밀어 편다.
⑨ 팬닝한 후 온도 35~40℃, 습도 85~90%에서 20분 전후로 2차 발효를 한다.
⑩ 윗불 200℃, 아랫불 150℃에서 20분 전후로 굽는다.

소시지빵

본책 P.76

① 재료를 시간 내에 정확하게 계량한다.
② 마가린을 제외한 모든 재료를 넣고 믹싱하다가 클린업 단계에서 마가린을 넣고 믹싱한다.
③ 최종 단계까지 믹싱한다.
④ 반죽온도를 27℃로 맞춘 후 온도 27℃, 습도 75~80%에서 40~50분 동안 1차 발효를 한다.
⑤ 손(또는 스크래퍼)으로 70g씩 분할하여 둥글리기를 한 후 실온에서 10~20분 동안 중간 발효를 한다.
⑥ 밀대를 이용하여 반죽을 길게 밀어 가스를 뺀다.
⑦ 소시지를 넣고 이음매를 봉합한 후 이음매가 밑으로 가도록 하여 한 팬에 6개씩 사선으로 팬닝한다.
⑧ 낙엽 모양은 가위를 최대한 눕혀서 9~10등분으로 자른 후 펼쳐 모양을 낸다.
⑨ 꽃잎 모양은 8~9등분으로 자른 후 앞의 반죽을 안에 넣고 동그랗게 펼쳐서 모양을 낸다.
⑩ 온도 35~40℃, 습도 85~90%에서 20~30분 동안 2차 발효를 한다.
⑪ 양파를 씻은 후 균일하게 자른다.
⑫ 양파에 마요네즈를 섞는다.
⑬ 2차 발효된 반죽의 가운데로 양파(충전물)를 올린 후 그 위에 피자치즈를 올린다.
⑭ 비닐 짤주머니에 케첩을 담은 후 일정하게 짜준다.
⑮ 윗불 190℃, 아랫불 160℃에서 15~20분 동안 굽는다.

시작하라.

그 자체가 천재성이고,
힘이며, 마력이다.

– 요한 볼프강 폰 괴테(Johann Wolfgang von Goethe)

차례
CONTENTS

• 저자 소개　　　　　• 저자 메시지　　　　　• 시험안내　　　　　• 구성과 특징

2024

에듀윌
제빵기능사

실기끝장

저자 소개
INTRODUCE

오명석 대한민국 제과기능장

- 한국산업인력공단 제과 · 제빵기능사 실기 감독위원
- 한국산업인력공단 제과기능장 실기 감독위원
- 세종대학교 조리외식경영학과 박사
- 현)신안산대학교 호텔제과제빵과 교수
- 세종대학교 외래교수
- 신안산대학교 겸임교수
- 강동대학교 호텔조리제빵과 교수

장다예 대한민국 제과기능장

- 한국산업인력공단 제과 · 제빵기능사 실기 감독위원
- 건국대학교 농축대학원 석사
- 프랑스 에꼴르노뜨르 디플롬 수료
- 파리크라상 근무
- 강동대학교 겸임교수

박진홍

- 그린하우스 과자점 근무
- WalMart 베이커리 사업부 근무
- 현대호텔관광직업전문학교 교사
- 경기직업전문학교 교사
- 명성직업전문학교 교사
- 디엔엠직업전문학교 교사
- 제기동 식빵 대표

누구나 쉽게 따라할 수 있는
자세한 제빵기능사 실기 합격 레시피!

제과 · 제빵 문화가 우리나라에 들어온 지 100여 년 만에 눈부신 성장과 발전을 하였습니다. 우리나라도 간편하게 이용할 수 있는 식품과 외식 문화가 빠르게 형성되고 있으며, 이에 제과 · 제빵의 이론과 기능을 습득하고자 하는 사람들이 날로 늘어나고 있습니다.

본 교재는 이러한 변화에 맞추어 제과 · 제빵에 입문하고자 하는 사람들과 미래의 베이커리 산업을 이끌어 갈 학생들이 좀 더 쉽고 친숙하게 제과 · 제빵이라는 학문을 접할 수 있도록 각 단원의 내용을 요약 · 정리하여 설명하였고, 제과 · 제빵기능사 자격증을 취득할 수 있도록 집필하였습니다.

저자는 오랜 시간 동안 제과 · 제빵 산업에 몸담고 있으면서, 풍부한 현장 경험과 학원 · 대학교의 강의 경험, 제과 · 제빵기능사 실기 감독위원 경험을 바탕으로 본서가 합격의 지침서가 될 수 있도록 구성하였습니다.

앞으로 제과 · 제빵 산업에 종사하게 될 많은 분들이 이 교재를 통하여 기초를 다져 먼 훗날 제과 · 제빵의 귀중한 기술인이 되시기를 바라며, 모든 분들께 합격의 그날이 오기를 바랍니다.

저자 일동

시험안내
INFORMATION

시행기관　　한국산업인력공단(http://q-net.or.kr)

시험 응시 절차

필기 원서접수
· 사진(6개월 이내에 촬영한 3.5cm×4.5cm, 120×160픽셀의 JPG 파일) 첨부
· 시험 응시료 수수료 14,500원 전자 결제
· 시험장소 본인 선택(선착순)

필기 시험
· 수험표, 신분증, 필기구 준비
· CBT형(시험 종료 즉시 합격 여부 발표)/시험시간 60분

 필기 합격자 발표

실기 원서접수
· 사진(6개월 이내에 촬영한 3.5cm×4.5cm, 120×160픽셀의 JPG 파일) 첨부
· 시험 응시료 수수료 33,000원 전자 결제
· 시험장소 본인 선택(선착순)

실기 시험
· 수험표, 신분증, 수험자 지참 준비물 준비
· 작업형/시험시간 2~4시간(과제별로 상이)

 최종 합격자 발표

자격증 발급
[인터넷] 공인인증 등을 통해 발급, 택배 가능
[방문 수령] 신분 확인서류 필요

환불 기준

적용기간	접수기간 중	접수기간 후	회별 시험 시작 4일 전	회별 시험 시작일
환불 적용률	100%	50%	취소 및 환불 불가	

★ 실기시험의 환불 기준일은 수험자가 접수한 시험일이 아닌, 회별 시험의 시행 시작일입니다.
★ 가상계좌의 경우 취소 후 환불되기까지 약 2~7일 정도 소요됩니다.
★ 환불 결과는 별도로 통보되지 않습니다.

개인위생기준

재료명	규격	기준
위생복	흰색 (상하의)	· 기관 및 성명 등의 표식이 없을 것 · 흰색 하의는 흰색 앞치마로 대체 가능하나, 화상 등의 안전사고 방지를 위하여 앞치마 안의 하의가 반바지, 짧은 치마 등 부적합한 복장일 경우는 감점처리
위생모	흰색	· 기관 및 성명 등의 표식이 없을 것 · 흰색 머릿수건으로 대체 가능하나, 일반 제과점에서 통용되는 위생모, 머릿수건이 아닌 경우는 감점처리 ※ 위생모가 아닌 흰색 비니모자, 털모자 등은 감점처리
신발	작업화	· 기관 및 성명 등의 표식이 없을 것 · 미끄러짐 및 화상의 위험이 있는 슬리퍼류, 작업에 방해가 되는 굽이 높은 구두(하이힐), 제과점에서 통용되는 작업화가 아닌 경우는 감점처리 ※ 속굽있는 운동화 등은 감점처리
장신구		이물, 교차오염 등의 원인이 되는 장신구 착용 금지(귀걸이, 시계, 팔찌, 반지 등)
두발		머리카락이 길 경우, 머리카락이 흘러내리지 않도록 단정히 묶거나 머리망을 착용하여야 하며, 위생적이지 못할 경우 감점처리
손톱		청결해야 하며, 오염될 수 있는 매니큐어 등은 감점처리

지참 준비물

고무주걱, 국자, 나무주걱, 보자기, 분무기, 붓, 오븐장갑, 온도계, 위생모, 위생복, 자, 작업화, 주걱, 짤주머니, 커터칼, 행주, 흑색 또는 청색 필기구

★ 개인용 저울, 재료계량 용도의 소도구 사용 가능

NCS 안내

분류	세부항목
제빵 기능사	01. 빵류 제품개발 ｜ 02. 빵류 제품반죽 발효 ｜ 03. 빵류 제품반죽 정형 04. 빵류 제품반죽 익힘 ｜ 05. 빵류 제품 마무리 ｜ 06. 냉동빵 가공 07. 빵류 제품품질 관리 ｜ 08. 빵류 제품위생 안전 관리 ｜ 09. 빵류 제품재료 구매 관리 10. 매장 관리 ｜ 11. 베이커리 경영 ｜ 12. 빵류 제품생산 작업 준비 13. 빵류 제품 스트레이트 반죽 ｜ 14. 빵류 제품 스펀지 도우 반죽 15. 빵류 제품 특수 반죽 ｜ 16. 페이스트리 만들기 ｜ 17. 조리빵 만들기 18. 고율 배합빵 만들기 ｜ 19. 저율 배합빵 만들기

구성과 특징
STRUCTURE

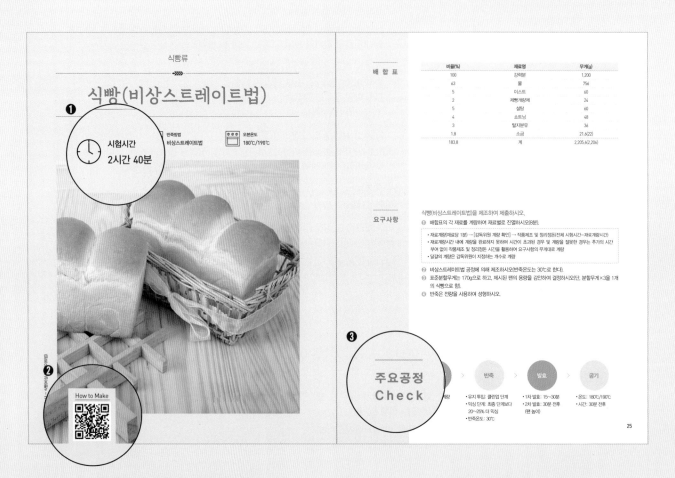

식빵류

식빵(비상스트레이트법)

❶

시험시간 2시간 40분

반죽방법 / 비상스트레이트법

오븐온도 / 180℃/190℃

How to Make

❷

비율(%)	재료명	무게(g)
100	강력분	1,200
63	물	756
5	이스트	60
2	제빵개량제	24
5	설탕	60
4	쇼트닝	48
3	탈지분유	36
1.8	소금	21.6(22)
183.8	계	2,205.6(2,206)

배합표

요구사항

식빵(비상스트레이트법)을 제조하여 제출하시오.

① 배합표의 각 재료를 계량하여 재료별로 진열하시오(8분).

- 재료계량(재료당 1분) → [감독위원 계량 확인] → 작품제조 및 정리정돈(전체 시험시간-재료계량시간)
- 재료계량시간 내에 계량을 완료하지 못하여 시간이 초과된 경우나 계량을 잘못한 경우는 추가의 시간 부여 없이 작품제조 및 정리정돈 시간을 활용하여 요구사항의 무게대로 계량
- 달걀의 계량은 감독위원이 지정하는 개수로 계량

② 비상스트레이트법 공정에 의해 제조하시오(반죽온도는 30℃로 한다).

③ 표준분할무게는 170g으로 하고, 제시된 팬의 용량을 감안하여 결정하시오(단, 분할무게×3을 1개 의 식빵으로 함).

④ 반죽은 전량을 사용하여 성형하시오.

❸

주요공정 Check

> 계량
- 유지 투입: 클린업 단계
- 믹싱 단계: 최종 단계보다 20~25% 더 믹싱
- 반죽온도: 30℃

> 반죽

> 발효
- 1차 발효: 15~30분
- 2차 발효: 30분 전후 (팬 높이)

> 굽기
- 온도: 180℃/190℃
- 시간: 30분 전후

25

❶ 시험시간, 반죽방법, 오븐온도를 한눈에 확인할 수 있다.

❷ 시험 과제별 무료강의를 QR코드로 바로 수강할 수 있다.

※ 동영상 강의는 에듀윌 도서몰에서 '제과제빵기능사'를 검색하여 서도 시청 가능합니다.

❸ 세부 공정을 보기 전, 주요 공정을 정리할 수 있다.

09 소금, 설탕, 물엿을 넣고 크림화한다.

13 반죽을 소보로 위에 올리고 손으로 힘껏 누른다. 소보로를 골고루 묻히면서 전체 무게를 80g으로 맞춘다.

❺

14 철판에 팬닝 후 을 살짝 눌러준ㄷ

Tip 토핑물이 많ㅇ 윗면이 갈라ㄹ

10 달걀을 넣으며 섞일 정도까지 크림화한다.

Tip 크림화를 너무 많이 하면 질어지거나 뭉쳐지는(갈라지지 않는) 현상이 생긴다.

11 체질한 가루재료(중력분, 탈지분유, 베이킹파우더)를 살짝만 혼합하고 노란색이 될 때까지 손으로 보슬보슬 비벼준다.

15 온도 35~40℃, 습도 85~90%에서 20~25분 동안 2차 발효를 한다.

❹

12

16 윗불 190℃, 아랫불 160℃에서 12~15분 동안 굽는다.

53

❹ 사진과 상세한 설명을 통해 연습할 수 있다.

❺ 합격을 위한 팁을 수록하여 실수를 줄일 수 있다.

프리미엄 무료강의

무료강의 수강 방법

방법1. 모바일로 교재 내 **QR코드**를 찍는다.

방법2. 유튜브 '에듀윌 자격증' 채널에서 '**제과제빵기능사**'를 검색한다.

방법3. 에듀윌 도서몰 〉 로그인 및 회원가입 〉 동영상 강의실에서 '**제과제빵기능사**'를 검색한다.

휴대용 실기 공정노트

들고 다니면서 공정 순서를 암기할 수 있다.

수 험 자
유의사항

❶ 항목별 배점은 제조공정 55점, 제품평가 45점이며, 요구사항 외의 제조방법 및 채점기준은 비공개입니다.

❷ 시험시간은 재료 전처리 및 계량시간, 제조, 정리정돈 등 모든 작업과정이 포함된 시간입니다(감독위원의 계량 확인 시간은 시험시간에서 제외).

❸ 수험자 인적사항은 검정색 필기구만 사용하여야 합니다. 그 외 연필류, 유색 필기구, 지워지는 펜 등은 사용이 금지됩니다.

❹ 시험 전 과정 위생수칙을 준수하고 안전사고 예방에 유의합니다.

- 시작 전 간단한 가벼운 몸 풀기(스트레칭) 운동을 실시한 후 시험을 시작하십시오.
- 위생복장의 상태 및 개인위생(장신구, 두발 · 손톱의 청결 상태, 손 씻기 등)의 불량 및 정리정돈 미흡 시 위생항목 감점처리됩니다.

❺ 다음 사항은 실격에 해당하여 채점 대상에서 제외됩니다.

- 수험자 본인이 수험 도중 시험에 대한 포기 의사를 표현하는 경우
- 위생복 상의, 위생복 하의(또는 앞치마), 위생모, 마스크 중 1개라도 착용하지 않은 경우
- 시험시간 내에 작품을 제출하지 못한 경우
- 수량(미달), 모양을 준수하지 않았을 경우
  - 지정된 수량 초과, 과다 생산의 경우는 총점에서 10점을 감점합니다.
  - 수량은 시험장 팬의 크기 등에 따라 감독위원이 조정하여 지정할 수 있으며, 잔여 반죽은 감독위원의 지시에 따라 별도로 제출하시오. (단, '0개 이상'으로 표기된 과제는 제외합니다.)
  - 반죽 제조법(공립법, 별립법, 시퐁법 등)을 준수하지 않은 경우는 제조공정에서 반죽 제조 항목(과제별 배점 5~6점 정도)을 0점 처리하고, 총점에서 10점을 추가 감점합니다.
- 상품성이 없을 정도로 타거나 익지 않은 경우
- 지급된 재료 이외의 재료를 사용한 경우
- 시험 중 시설 · 장비의 조작 또는 재료의 취급이 미숙하여 위해를 일으킬 것으로 감독위원 전원이 합의하여 판단한 경우

❻ 의문 사항이 있으면 감독위원에게 문의하고, 감독위원의 지시에 따릅니다.

우유식빵

 시험시간
3시간 40분

 반죽방법
스트레이트법

 오븐온도
170℃/190℃

How to Make

비율(%)	재료명	무게(g)
100	강력분	1,200
40	우유	480
29	물	348
4	이스트	48
1	제빵개량제	12
2	소금	24
5	설탕	60
4	쇼트닝	48
185	계	2,220

요구사항

우유식빵을 제조하여 제출하시오.

① 배합표의 각 재료를 계량하여 재료별로 진열하시오(8분).

- 재료계량(재료당 1분) → [감독위원 계량 확인] → 작품제조 및 정리정돈(전체 시험시간−재료계량시간)
- 재료계량시간 내에 계량을 완료하지 못하여 시간이 초과된 경우 및 계량을 잘못한 경우는 추가의 시간 부여 없이 작품제조 및 정리정돈 시간을 활용하여 요구사항의 무게대로 계량
- 달걀의 계량은 감독위원이 지정하는 개수로 계량

② 반죽은 스트레이트법으로 제조하시오(단, 유지는 클린업 단계에 첨가하시오).

③ 반죽온도는 27℃를 표준으로 하시오.

④ 표준분할무게는 180g으로 하고, 제시된 팬의 용량을 감안하여 결정하시오(단, 분할무게×3을 1개의 식빵으로 함).

⑤ 반죽은 전량을 사용하여 성형하시오.

주요공정 Check

재료계량 > 반죽 > 발효 > 굽기

- 시간 내에 계량
- 정리정돈

- 유지 투입: 클린업 단계
- 믹싱 단계: 최종 단계
- 반죽온도: 27℃

- 1차 발효: 40~50분
- 2차 발효: 30분 전후
  (팬 위로 1cm)

- 온도: 170℃/190℃
- 시간: 30분 전후

01 재료를 시간 내에 정확하게 계량한다.

02 쇼트닝을 제외한 모든 재료를 넣고 믹싱하다가 클린업 단계에서 쇼트닝을 넣는다.

03 최종 단계까지 믹싱한다.

04 반죽온도는 27℃로 한다.

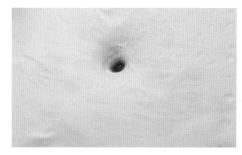

05 온도 27℃, 습도 75~80%에서 40~50분 동안 1차 발효를 한다.

Tip 계절에 따라 물과 우유로 반죽온도를 조절한다.

06 180g씩 분할한다.

07 둥글리기를 한 후 실온에서 10~15분 동안 중간 발효를 한다.

08 밀대로 반죽을 밀어 펴 가스를 뺀다.

Tip 우유가 들어가서 일반 빵 반죽보다 된 반죽이므로 덧가루를 최소화한다.

제빵기능사 - 우유식빵

14

09 3겹 접기를 한다.

▼

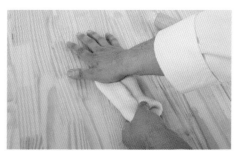

10 끝부분부터 반죽을 말아준다.

▼

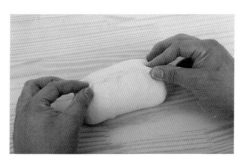

11 이음매 부분이 터지지 않도록 잘 봉합한다.

▼

12 이음매가 바닥으로 향하게 3개씩 팬닝하고 아랫 부분에 공간이 남지 않도록 윗부분을 살짝 눌러 준다.

13 온도 35~40℃, 습도 85~90%에서 30분 전후로 2차 발효를 한다(팬 위로 1cm 정도 올라온 상태).

▼

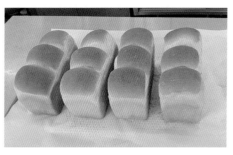

14 윗불 170℃, 아랫불 190℃에서 30분 전후로 굽는다.

Tip 우유의 유당성분 때문에 윗색이 빨리 날 수 있으므로 오븐의 온도 조절에 유의한다.

풀만식빵

 시험시간
3시간 40분

 반죽방법
스트레이트법

 오븐온도
190℃/190℃

How to Make

비율(%)	재료명	무게(g)
100	강력분	1,400
58	물	812
4	이스트	56
1	제빵개량제	14
2	소금	28
6	설탕	84
4	쇼트닝	56
5	달걀	70
3	분유	42
183	계	2,562

요구사항

풀만식빵을 제조하여 제출하시오.

❶ 배합표의 각 재료를 계량하여 재료별로 진열하시오(9분).

- 재료계량(재료당 1분) → [감독위원 계량 확인] → 작품제조 및 정리정돈(전체 시험시간−재료계량시간)
- 재료계량시간 내에 계량을 완료하지 못하여 시간이 초과된 경우 및 계량을 잘못한 경우는 추가의 시간 부여 없이 작품제조 및 정리정돈 시간을 활용하여 요구사항의 무게대로 계량
- 달걀의 계량은 감독위원이 지정하는 개수로 계량

❷ 반죽은 스트레이트법으로 제조하시오(단, 유지는 클린업 단계에 첨가하시오).

❸ 반죽온도는 27℃를 표준으로 하시오.

❹ 표준분할무게는 250g으로 하고, 제시된 팬의 용량을 감안하여 결정하시오(단, 분할무게×2를 1개의 식빵으로 함).

❺ 반죽은 전량을 사용하여 성형하시오.

주요공정 Check

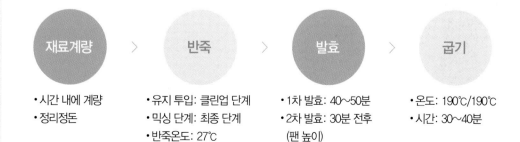

재료계량 > 반죽 > 발효 > 굽기

- 재료계량
  - 시간 내에 계량
  - 정리정돈
- 반죽
  - 유지 투입: 클린업 단계
  - 믹싱 단계: 최종 단계
  - 반죽온도: 27℃
- 발효
  - 1차 발효: 40~50분
  - 2차 발효: 30분 전후 (팬 높이)
- 굽기
  - 온도: 190℃/190℃
  - 시간: 30~40분

01 재료를 시간 내에 정확하게 계량한다.

02 쇼트닝을 제외한 모든 재료를 넣고 믹싱하다가 클린업 단계에서 쇼트닝을 넣는다.

03 최종 단계까지 믹싱한다.

04 반죽온도는 27℃로 한다.

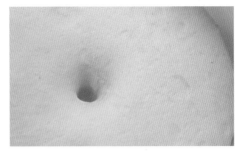

05 매끄럽게 둥글리기를 한 후 온도 27℃, 습도 75 ~80%에서 40~50분 동안 1차 발효를 한다.

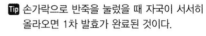 손가락으로 반죽을 눌렀을 때 자국이 서서히 올라오면 1차 발효가 완료된 것이다.

06 250g씩 분할한다.

07 매끄럽게 둥글리기를 한다.

08 실온에서 10~20분 동안 중간 발효를 한다.

09 밀대를 이용하여 반죽을 밀어 펴 가스를 뺀다.

▼

10 3겹 접기를 한다.

▼

11 끝부분부터 반죽을 말아준다.

▼

12 이음매 부분이 터지지 않도록 잘 봉합한다.

▼

13 이음매가 바닥으로 향하게 2개씩 팬닝한 후 아랫 부분에 공간이 남지 않도록 윗부분을 살짝 눌러 준다.

▼

14 온도 35~40℃, 습도 85~95%에서 30분 전후 로 2차 발효를 한다. 팬 높이 정도까지 올라왔을 때 뚜껑을 덮는다.

Tip 과발효 시 살짝 눌러준 후 뚜껑을 덮는다.

▼

15 윗불 190℃, 아랫불 190℃에서 30~40분 정도 굽는다.

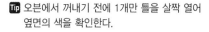

Tip 오븐에서 꺼내기 전에 1개만 틀을 살짝 열어 옆면의 색을 확인한다.

버터톱 식빵

 시험시간
3시간 30분

 반죽방법
스트레이트법

오븐온도
180℃/190℃

How to Make

비율(%)	재료명	무게(g)
100	강력분	1,200
40	물	480
4	이스트	48
1	제빵개량제	12
1.8	소금	21.6(22)
6	설탕	72
20	버터	240
3	탈지분유	36
20	달걀	240
195.8	계	2,349.6(2,350)

※ 계량시간에서 제외

비율(%)	재료명	무게(g)
5	버터(바르기용)	60

요구사항

버터톱 식빵을 제조하여 제출하시오.

❶ 배합표의 각 재료를 계량하여 재료별로 진열하시오(9분).

- 재료계량(재료당 1분) → [감독위원 계량 확인] → 작품제조 및 정리정돈(전체 시험시간−재료계량시간)
- 재료계량시간 내에 계량을 완료하지 못하여 시간이 초과된 경우 및 계량을 잘못한 경우는 추가의 시간 부여 없이 작품제조 및 정리정돈 시간을 활용하여 요구사항의 무게대로 계량
- 달걀의 계량은 감독위원이 지정하는 개수로 계량

❷ 반죽은 스트레이트법으로 만드시오(단, 유지는 클린업 단계에 첨가하시오).

❸ 반죽온도는 27℃를 표준으로 하시오.

❹ 분할무게 460g짜리 5개를 만드시오(한 덩이: one loaf).

❺ 윗면을 길이로 자르고 버터를 짜 넣는 형태로 만드시오.

❻ 반죽은 전량을 사용하여 성형하시오.

주요공정 Check

재료계량 > 반죽 > 발효 > 굽기

- 시간 내에 계량
- 정리정돈

- 유지 투입: 클린업 단계
- 믹싱 단계: 최종 단계
- 반죽온도: 27℃

- 1차 발효: 40~50분
- 2차 발효: 30분 전후 (팬 아래 2cm)

- 온도: 180℃/190℃
- 시간: 30분 전후

01 재료를 시간 내에 정확하게 계량한다.

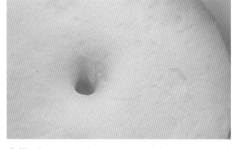

05 온도 27℃, 습도 75~80%에서 40~50분 동안 1차 발효를 한다.

02 버터를 제외한 모든 재료를 넣고 믹싱하다가 클린업 단계에서 버터를 넣는다.

Tip 버터를 2번에 나누어 넣으면 믹싱시간을 줄일 수 있다.

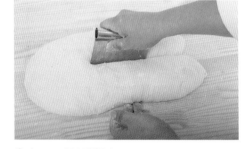

06 460g씩 분할한다.

03 최종 단계까지 믹싱한다.

07 둥글리기를 한 후 실온에서 15~20분 동안 중간 발효를 한다.

04 반죽온도는 27℃로 한다.

08 밀대를 이용하여 윗부분보다 아랫부분의 간격을 좀 더 넓게 밀어 편다.

09 위에서부터 원로프형으로 말아준다.

Tip 가운데는 통통하고 양끝은 뾰족하게 만든다.

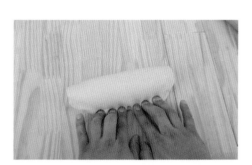

10 이음매 부분이 터지지 않도록 잘 봉합한다.

11 이음매가 바닥으로 향하게 팬닝하고 반죽이 팬 바닥에 잘 밀착되도록 윗부분을 살짝 눌러준다.

12 온도 35~40℃, 습도 85~90%에서 30분 전후로 2차 발효를 한다(팬 아래 2cm 정도까지).

13 반죽의 중앙부분에 0.5cm 깊이로 칼집을 낸다.

Tip 칼집을 너무 깊게 넣으면 너무 많이 벌어지거나 가운데가 위로 올라온다.

14 칼집 위에 버터를 짜준다.

Tip 버터는 포마드화 상태가 되었을 때 짜기가 편하다(종이 짤주머니를 사용할 때에는 2개를 겹쳐서 사용한다).

15 윗불 180℃, 아랫불 190℃에서 30분 전후로 굽는다.

Tip 제품이 전체적으로 황금갈색으로 나오지 않으면 제품을 식히는 과정에서 주저앉는다.

식빵(비상스트레이트법)

 시험시간
2시간 40분

 반죽방법
비상스트레이트법

오븐온도
180℃/190℃

How to Make

비율(%)	재료명	무게(g)
100	강력분	1,200
63	물	756
5	이스트	60
2	제빵개량제	24
5	설탕	60
4	쇼트닝	48
3	탈지분유	36
1.8	소금	21.6(22)
183.8	계	2,205.6(2,206)

요구사항

식빵(비상스트레이트법)을 제조하여 제출하시오.

❶ 배합표의 각 재료를 계량하여 재료별로 진열하시오(8분).

- 재료계량(재료당 1분) → [감독위원 계량 확인] → 작품제조 및 정리정돈(전체 시험시간−재료계량시간)
- 재료계량시간 내에 계량을 완료하지 못하여 시간이 초과된 경우 및 계량을 잘못한 경우는 추가의 시간 부여 없이 작품제조 및 정리정돈 시간을 활용하여 요구사항의 무게대로 계량
- 달걀의 계량은 감독위원이 지정하는 개수로 계량

❷ 비상스트레이트법 공정에 의해 제조하시오(반죽온도는 30℃로 한다).

❸ 표준분할무게는 170g으로 하고, 제시된 팬의 용량을 감안하여 결정하시오(단, 분할무게×3을 1개의 식빵으로 함).

❹ 반죽은 전량을 사용하여 성형하시오.

주요공정 Check

재료계량 > 반죽 > 발효 > 굽기

- 시간 내에 계량
- 정리정돈

- 유지 투입: 클린업 단계
- 믹싱 단계: 최종 단계보다 20~25% 더 믹싱
- 반죽온도: 30℃

- 1차 발효: 15~30분
- 2차 발효: 30분 전후 (팬 높이)

- 온도: 180℃/190℃
- 시간: 30분 전후

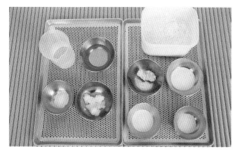

01 재료를 시간 내에 정확하게 계량한다.

02 쇼트닝을 제외한 모든 재료를 넣고 믹싱하다가 클린업 단계에서 쇼트닝을 넣는다.

03 최종 단계에서 보통 식빵보다 20~25% 정도 더 믹싱한다.

04 반죽온도를 30℃로 맞춘 후 온도 30℃, 습도 75~80%에서 15~30분 동안 1차 발효를 한다.

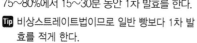

Tip 비상스트레이트법이므로 일반 빵보다 1차 발효를 적게 한다.

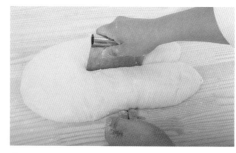

05 170g씩 분할한다.

06 매끄럽게 둥글리기를 한다.

07 실온에서 10~15분 동안 중간 발효를 한다.

08 밀대로 반죽을 밀어 펴 가스를 뺀다.

제빵기능사 — 식빵(비상스트레이트법)

09 3겹 접기를 한다.

10 끝부분부터 반죽을 말아준다.

11 이음매 부분이 터지지 않도록 잘 봉합한다.

12 이음매가 바닥으로 향하도록 3개씩 팬닝하고 아랫부분에 공간이 남지 않도록 윗부분을 살짝 눌러준다.

13 온도 35~40℃, 습도 85~90%에서 30분 전후로 2차 발효를 한다(팬 높이 정도까지).

Tip 이스트가 많이 들어가기 때문에 과발효되지 않도록 주의한다.

14 윗불 180℃, 아랫불 190℃에서 30분 전후로 굽는다.

Tip 오븐이나 발효 정도에 따라 약간의 색 차이가 있을 수 있으므로 상황에 따라 조절한다.

옥수수식빵

 시험시간
3시간 40분

 반죽방법
스트레이트법

오븐온도
170℃/190℃

How to Make

배합표

비율(%)	재료명	무게(g)
80	강력분	960
20	옥수수분말	240
60	물	720
3	이스트	36
1	제빵개량제	12
2	소금	24
8	설탕	96
7	쇼트닝	84
3	탈지분유	36
5	달걀	60
189	계	2,268

요구사항

옥수수식빵을 제조하여 제출하시오.

❶ 배합표의 각 재료를 계량하여 재료별로 진열하시오(10분).

- 재료계량(재료당 1분) → [감독위원 계량 확인] → 작품제조 및 정리정돈(전체 시험시간−재료계량시간)
- 재료계량시간 내에 계량을 완료하지 못하여 시간이 초과된 경우 및 계량을 잘못한 경우는 추가의 시간 부여 없이 작품제조 및 정리정돈 시간을 활용하여 요구사항의 무게대로 계량
- 달걀의 계량은 감독위원이 지정하는 개수로 계량

❷ 반죽은 스트레이트법으로 제조하시오(단, 유지는 클린업 단계에 첨가하시오).
❸ 반죽온도는 27℃를 표준으로 하시오.
❹ 표준분할무게는 180g으로 하고, 제시된 팬의 용량을 감안하여 결정하시오(단, 분할무게×3을 1개의 식빵으로 함).
❺ 반죽은 전량을 사용하여 성형하시오.

주요공정 Check

재료계량
- 시간 내에 계량
- 정리정돈

반죽
- 유지 투입: 클린업 단계
- 믹싱 단계: 발전 단계
- 반죽온도: 27℃

발효
- 1차 발효: 40~50분
- 2차 발효: 30분 전후 (팬 위로 1cm)

굽기
- 온도: 170℃/190℃
- 시간: 30분 전후

01 재료를 시간 내에 정확하게 계량한다.
▼

02 쇼트닝을 제외한 모든 재료를 넣고 믹싱하다가 클린업 단계에서 쇼트닝을 넣는다.
▼

03 발전 단계까지 믹싱한다.
▼ **Tip** 옥수수분말이 들어가서 일반 빵 반죽에 비해 짧게 믹싱한다(글루텐 형성을 많이 하면 반죽이 찢어질 수 있다).

04 반죽온도는 27℃로 한다.
▼

05 온도 27℃, 습도 75~80%에서 40~50분 동안 1차 발효를 한다.
▼ **Tip** 손가락으로 눌렀을 때 반죽이 서서히 올라오면 1차 발효가 완료된 것이다.

06 180g씩 분할하여 둥글리기를 한 후 실온에서 10~20분 동안 중간 발효를 한다.
▼

07 밀대를 이용하여 반죽을 밀어 펴 가스를 뺀다.
▼

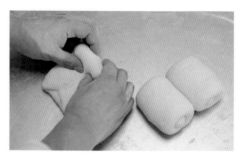

08 3겹 접기를 한 후 말아준다.
▼

09 이음매 부분이 터지지 않도록 잘 봉합한다.

10 이음매가 바닥으로 향하게 3개씩 팬닝한 후 온도 35~40℃, 습도 85~90%에서 30분 전후로 2차 발효를 한다(팬 위로 1cm 정도까지).

Tip 오븐 스프링이 적기 때문에 2차 발효를 많이 한다.

11 윗불 170℃, 아랫불 190℃에서 30분 전후로 굽는다.

밤식빵

 시험시간
3시간 40분

 반죽방법
스트레이트법

 오븐온도
180℃/190℃

How to Make

반죽

비율(%)	재료명	무게(g)
80	강력분	960
20	중력분	240
52	물	624
4.5	이스트	54
1	제빵개량제	12
2	소금	24
12	설탕	144
8	버터	96
3	탈지분유	36
10	달걀	120
192.5	계	2,310

토핑(※ 계량시간에서 제외)

비율(%)	재료명	무게(g)
100	중력분	100
100	마가린	100
60	설탕	60
2	베이킹파우더	2
60	달걀	60
50	아몬드슬라이스	50
372	계	372

충전물(※ 계량시간에서 제외)

비율(%)	재료명	무게(g)
35	밤다이스 (시럽 제외)	420

요구사항

밤식빵을 제조하여 제출하시오.

① 반죽 재료를 계량하여 재료별로 진열하시오(10분).

- 재료계량(재료당 1분) → [감독위원 계량 확인] → 작품제조 및 정리정돈(전체 시험시간−재료계량시간)
- 재료계량시간 내에 계량을 완료하지 못하여 시간이 초과된 경우 및 계량을 잘못한 경우는 추가의 시간 부여 없이 작품제조 및 정리정돈 시간을 활용하여 요구사항의 무게대로 계량
- 달걀의 계량은 감독위원이 지정하는 개수로 계량

② 반죽은 스트레이트법으로 제조하시오.
③ 반죽온도는 27℃를 표준으로 하시오.
④ 분할무게는 450g으로 하고, 성형 시 450g의 반죽에 80g의 통조림밤을 넣고 정형하시오(한 덩이: one loaf).
⑤ 토핑물을 제조하여 굽기 전에 토핑하고 아몬드를 뿌리시오.
⑥ 반죽은 전량을 사용하여 성형하시오.

주요공정 Check

 재료계량 > 반죽 > 발효 > 굽기

- 시간 내에 계량
- 정리정돈

- 유지 투입: 클린업 단계
- 믹싱 단계: 최종 단계
- 반죽온도: 27℃

- 1차 발효: 40~50분
- 2차 발효: 30분 전후 (팬 아래로 2cm)

- 온도: 180℃/190℃
- 시간: 30분 전후

01 재료를 시간 내에 정확하게 계량한다.

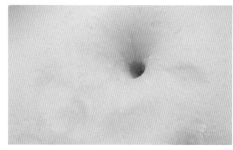

05 온도 27℃, 습도 75~80%에서 40~50분 동안
1차 발효를 한다.

02 버터를 제외한 모든 재료를 넣고 믹싱하다가 클
린업 단계에서 버터를 넣는다.

06 450g씩 분할한다.

03 최종 단계까지 믹싱한다.

07 매끄럽게 둥글리기를 한다.

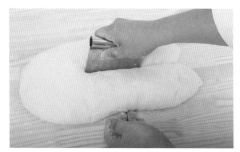

04 반죽온도는 27℃로 한다.

08 실온에서 10~20분 동안 중간 발효를 한다.

제빵기능사 — 식빵류

09 밀대를 이용하여 반죽을 길게 밀어 펴 가스를 빼준다.

13 이음매가 바닥으로 향하게 팬닝하고, 온도 35~ 40℃, 습도 85~90%에서 30분 전후로 2차 발효를 한다(팬 아래 2cm 정도까지).

10 밀어 편 반죽을 뒤집어 반죽 위에 물기를 제거한 밤 80g을 골고루 올려준다.
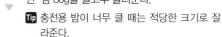 충전용 밤이 너무 클 때는 적당한 크기로 잘라준다.

14 [14~16 토핑 만들기]
풀어준 마가린에 설탕을 나누어 넣으면서 휘핑한다.

11 위에서부터 원로프형으로 둥글게 말아준다.
Tip 너무 단단하게 말리지 않도록 한다.

15 달걀을 넣고 섞는다.

12 이음매 부분이 터지지 않도록 잘 봉합한다.

16 체질한 가루재료(중력분, 베이킹파우더)를 넣고 가루가 보이지 않을 때까지 섞는다.
Tip 많이 섞으면 글루텐이 생겨서 바삭하지 않고 단단해진다.

17 [17~19 제품 만들기]
짤주머니를 이용하여 2차 발효가 끝난 반죽 위
에 토핑물을 짜준다.

Tip 토핑물을 너무 많이 짜면 옆면으로 흘러내
린다.

18 토핑물 위에 아몬드슬라이스를 뿌린다.

밤이 달팽이 모양을 이뤄요.

19 윗불 180℃, 아랫불 190℃에서 30분 전후로 굽
는다.

Tip 오븐에서 덜 구워질 경우 옆면이 주저앉을
수 있다.

스스로 자신을 존경하면
다른 사람도 그대를 존경할 것이다.

– 공자

버터 롤

 시험시간
3시간 30분

 반죽방법
스트레이트법

 오븐온도
200℃/140~150℃

How to Make

비율(%)	재료명	무게(g)
100	강력분	900
10	설탕	90
2	소금	18
15	버터	135(134)
3	탈지분유	27(26)
8	달걀	72
4	이스트	36
1	제빵개량제	9(8)
53	물	477(476)
196	계	1,764(1,760)

요구사항

버터 롤을 제조하여 제출하시오.

❶ 배합표의 각 재료를 계량하여 재료별로 진열하시오(9분).

- 재료계량(재료당 1분) → [감독위원 계량 확인] → 작품제조 및 정리정돈(전체 시험시간−재료계량시간)
- 재료계량시간 내에 계량을 완료하지 못하여 시간이 초과된 경우 및 계량을 잘못한 경우는 추가의 시간 부여 없이 작품제조 및 정리정돈 시간을 활용하여 요구사항의 무게대로 계량
- 달걀의 계량은 감독위원이 지정하는 개수로 계량

❷ 반죽은 스트레이트법으로 제조하시오(단, 유지는 클린업 단계에 첨가하시오).

❸ 반죽온도는 27℃를 표준으로 하시오.

❹ 반죽 1개의 분할무게는 50g으로 제조하시오.

❺ 제품의 형태는 번데기 모양으로 제조하시오.

❻ 24개를 성형하고, 남은 반죽은 감독위원의 지시에 따라 별도로 제출하시오.

주요공정 Check

재료계량 > 반죽 > 발효 > 굽기

- 시간 내에 계량
- 정리정돈

- 유지 투입: 클린업 단계
- 믹싱 단계: 최종 단계
- 반죽온도: 27℃

- 1차 발효: 40~50분
- 2차 발효: 25~30분

- 온도: 200℃/140~150℃
- 시간: 15분 전후

01 재료를 시간 내에 정확하게 계량한다.

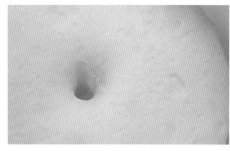

05 온도 27℃, 습도 75～80%에서 40～50분 동안
   1차 발효를 한다.

02 버터를 제외한 모든 재료를 넣고 믹싱하다가 클
   린업 단계에서 버터를 넣는다.

   Tip 버터가 많이 들어가는 반죽이므로 버터를 나
   누어 넣으면 반죽시간을 줄일 수 있다.

06 손(또는 스크래퍼)으로 50g씩 분할한다.
   Tip 손으로 분할 시 기술점수를 받을 수 있다.

03 최종 단계까지 믹싱한다.

07 매끄럽게 둥글리기를 한다.

04 반죽온도는 27℃로 한다.

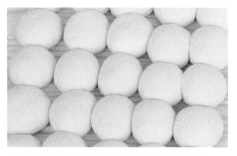

08 실온에서 10～20분 동안 중간 발효를 한다.

09 한쪽 끝은 가늘고 다른 쪽은 둥글게 성형한다
   (원추모양).

10 밀대를 이용하여 반죽을 25~27cm로 밀어준
   다.

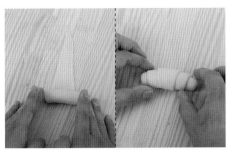

11 간격이 넓은 부분부터 좌우 간격을 일정하게 하
   여 끝부분까지 잘 말아준다.

   Tip 느슨하게 말아야 줄무늬가 잘 생긴다. 이음
       매 부분이 두꺼우면 발효가 되었을 때 이음
       매가 위로 올라올 수 있다.

12 이음매 부분을 아래로 하여 팬닝한 후 윗부분을
   살짝 눌러준다.

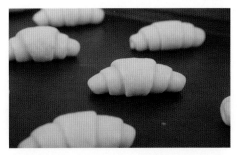

13 온도 35~40℃, 습도 85~90%에서 25~30분
   동안 2차 발효를 한다.

   Tip 2차 발효가 오버되면 위에 줄무늬가 없어질
       수 있고 덜 되면 옆면이 터지거나 윗면이 갈
       라질 수 있다.

14 윗불 200℃, 아랫불 140~150℃에서 15분 전
   후로 굽는다.

   Tip 윗면, 옆면, 밑면의 색이 일정하게 나야 한다.

단과자빵(트위스트형)

 시험시간
3시간 30분

 반죽방법
스트레이트법

 오븐온도
200℃/150℃

How to Make

비율(%)	재료명	무게(g)
100	강력분	900
47	물	422
4	이스트	36
1	제빵개량제	8
2	소금	18
12	설탕	108
10	쇼트닝	90
3	분유	26
20	달걀	180
199	계	1,788

요구사항

단과자빵(트위스트형)을 제조하여 제출하시오.

① 배합표의 각 재료를 계량하여 재료별로 진열하시오(9분).

- 재료계량(재료당 1분) → [감독위원 계량 확인] → 작품제조 및 정리정돈(전체 시험시간−재료계량시간)
- 재료계량시간 내에 계량을 완료하지 못하여 시간이 초과된 경우 및 계량을 잘못한 경우는 추가의 시간 부여 없이 작품제조 및 정리정돈 시간을 활용하여 요구사항의 무게대로 계량
- 달걀의 계량은 감독위원이 지정하는 개수로 계량

② 반죽은 스트레이트법으로 제조하시오(단, 유지는 클린업 단계에 첨가하시오).

③ 반죽온도는 27℃를 표준으로 하시오.

④ 반죽분할무게는 50g으로 하시오.

⑤ 모양은 8자형 12개, 달팽이형 12개로 2가지 모양으로 만드시오.

⑥ 완제품 24개를 성형하여 제출하고, 남은 반죽은 감독위원의 지시에 따라 별도로 제출하시오.

주요공정 Check

재료계량 > 반죽 > 발효 > 굽기

- 시간 내에 계량
- 정리정돈

- 유지 투입: 클린업 단계
- 믹싱 단계: 최종 단계
- 반죽온도: 27℃

- 1차 발효: 40~50분
- 2차 발효: 30분 전후

- 온도: 200℃/150℃
- 시간: 10~12분

01 재료를 시간 내에 정확하게 계량한다.

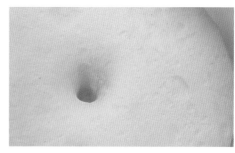

05 온도 27℃, 습도 75~80%에서 40~50분 동안 1차 발효를 한다.

02 쇼트닝을 제외한 모든 재료를 넣고 믹싱하다가 클린업 단계에서 쇼트닝을 넣는다.

06 손(또는 스크래퍼)으로 50g씩 분할한다.
Tip 손으로 분할 시 기술점수를 받을 수 있다.

03 최종 단계까지 믹싱한다.

07 매끄럽게 둥글리기를 한다.

04 반죽온도는 27℃로 한다.

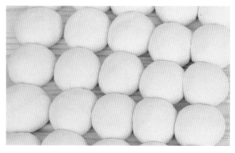

08 실온에서 10~20분 동안 중간 발효를 한다.

09 반죽을 길게 늘여 가스를 뺀다.

> **Tip** 반죽을 밀어 펼 때는 일정한 굵기로 신속하게 밀어 편다. 너무 세게 밀 경우 구웠을 때 색이 고르게 나지 않는다.

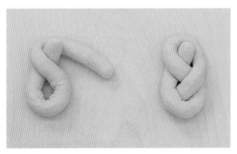

10 팔자형은 반죽을 25cm 길이로 늘인 후 8자 모양으로 꼬아 만든다.

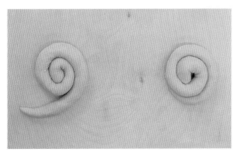

11 달팽이형은 반죽을 30~35cm로 늘인 후 굵은 쪽을 중심으로 돌려감아 원을 만들고 끝부분을 아래쪽으로 넣는다.

12 온도 35~40℃, 습도 85~90%에서 30분 전후로 2차 발효를 한다.

13 윗불 200℃, 아랫불 150℃에서 10~12분 동안 굽는다.

> **Tip** 밑면의 색이 진하지 않도록 한다.

단과자빵(크림빵)

🕐 시험시간
3시간 30분

🥄 반죽방법
스트레이트법

🔲 오븐온도
200℃/150℃

How to Make

비율(%)	재료명	무게(g)
100	강력분	800
53	물	424
4	이스트	32
2	제빵개량제	16
2	소금	16
16	설탕	128
12	쇼트닝	96
2	분유	16
10	달걀	80
201	계	1,608

※ 충전용 재료는 계량시간에서 제외

비율(%)	재료명	무게(g)
–	커스터드 크림(1개당 30g)	360

단과자빵(크림빵)을 제조하여 제출하시오.

❶ 배합표의 각 재료를 계량하여 재료별로 진열하시오(9분).

> • 재료계량(재료당 1분) → [감독위원 계량 확인] → 작품제조 및 정리정돈(전체 시험시간−재료계량시간)
> • 재료계량시간 내에 계량을 완료하지 못하여 시간이 초과된 경우 및 계량을 잘못한 경우는 추가의 시간 부여 없이 작품제조 및 정리정돈 시간을 활용하여 요구사항의 무게대로 계량
> • 달걀의 계량은 감독위원이 지정하는 개수로 계량

❷ 반죽은 스트레이트법으로 제조하시오(단, 유지는 클린업 단계에 첨가하시오).

❸ 반죽온도는 27℃를 표준으로 하시오.

❹ 반죽 1개의 분할무게는 45g, 1개당 크림 사용량은 30g으로 제조하시오.

❺ 제품 중 12개는 크림을 넣은 후 굽고, 12개는 반달형으로 크림을 충전하지 말고 제조하시오.

❻ 남은 반죽은 감독위원의 지시에 따라 별도로 제출하시오.

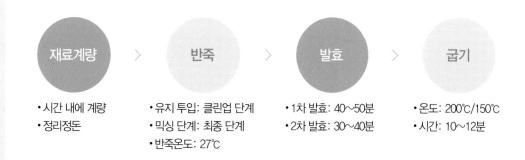

재료계량 > 반죽 > 발효 > 굽기

• 시간 내에 계량
• 정리정돈

• 유지 투입: 클린업 단계
• 믹싱 단계: 최종 단계
• 반죽온도: 27℃

• 1차 발효: 40~50분
• 2차 발효: 30~40분

• 온도: 200℃/150℃
• 시간: 10~12분

01 재료를 시간 내에 정확하게 계량한다.

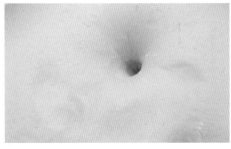

05 온도 27℃, 습도 75~80%에서 40~50분 동안
1차 발효를 한다.

02 쇼트닝을 제외한 모든 재료를 넣고 믹싱하다가
클린업 단계에서 쇼트닝을 넣는다.

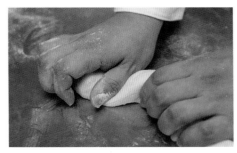

06 손(또는 스크래퍼)으로 45g씩 분할한다.
Tip 손으로 분할 시 기술점수를 받을 수 있다.

03 최종 단계까지 믹싱한다.

07 매끄럽게 둥글리기를 한다.

04 반죽온도는 27℃로 한다.

08 실온에서 10~20분 동안 중간 발효를 한다.

09 타원형으로 밀어 편다.

Tip 너무 세게 밀 경우 구웠을 때 색이 고르게 나
지 않는다.

13 식용유를 바른 부분을 밑면으로 하고 윗면을 조
금 더 길게 덮는다.

10 12개는 크림 30g을 넣고 가
장자리에 물을 발라 붙인다.

Tip 크림이 너무 질면 작업
하기가 힘들다.

14 간격을 맞춰 팬에 팬닝한다.

11 밑면보다 윗면을 조금 더 길게 덮은 후 스크래
퍼를 이용하여 칼집을 5군데 낸다.

15 온도 35~40℃, 습도 85~90%에서 30~40분
동안 2차 발효를 한다.

12 크림을 충전하지 않는 반죽은 반죽의 절반 정도
에 식용유를 바른다.

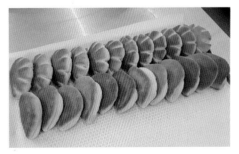

16 윗불 200℃, 아랫불 150℃에서 10~12분 동안
굽는다.

Tip 밑색이 진하면 철판을 하나 더 깔아준다.

단과자빵(소보로빵)

 시험시간
3시간 30분

 반죽방법
스트레이트법

오븐온도
190℃/160℃

How to Make

반죽		
비율(%)	재료명	무게(g)
100	강력분	900
47	물	423(422)
4	이스트	36
1	제빵개량제	9(8)
2	소금	18
18	마가린	162
2	탈지분유	18
15	달걀	135(136)
16	설탕	144
205	계	1,845(1,844)

토핑용 소보로(※ 계량시간에서 제외)

비율(%)	재료명	무게(g)
100	중력분	300
60	설탕	180
50	마가린	150
15	땅콩버터	45(46)
10	달걀	30
10	물엿	30
3	탈지분유	9(10)
2	베이킹파우더	6
1	소금	3
251	계	753(755)

단과자빵(소보로빵)을 제조하여 제출하시오.

① 빵 반죽 재료를 계량하여 재료별로 진열하시오(9분).

- 재료계량(재료당 1분) → [감독위원 계량 확인] → 작품제조 및 정리정돈(전체 시험시간−재료계량시간)
- 재료계량시간 내에 계량을 완료하지 못하여 시간이 초과된 경우 및 계량을 잘못한 경우는 추가의 시간 부여 없이 작품제조 및 정리정돈 시간을 활용하여 요구사항의 무게대로 계량
- 달걀의 계량은 감독위원이 지정하는 개수로 계량

② 반죽은 스트레이트법으로 제조하시오(단, 유지는 클린업 단계에 첨가하시오).

③ 반죽온도는 27℃를 표준으로 하시오.

④ 반죽 1개의 분할무게는 50g씩, 1개당 소보로 사용량은 약 30g 정도로 제조하시오.

⑤ 토핑용 소보로는 배합표에 따라 직접 제조하여 사용하시오.

⑥ 반죽은 24개를 성형하여 제조하고, 남은 반죽과 토핑용 소보로는 감독위원의 지시에 따라 별도로 제출하시오.

재료계량 > 반죽 > 발효 > 굽기

- 시간 내에 계량
- 정리정돈

- 유지 투입: 클린업 단계
- 믹싱 단계: 최종 단계
- 반죽온도: 27℃

- 1차 발효: 40~50분
- 2차 발효: 20~25분

- 온도: 190℃/160℃
- 시간: 12~15분

01 재료를 시간 내에 정확하게 계량한다.

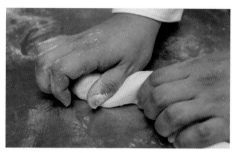

05 50g씩 손(또는 스크래퍼)으로 분할한다.
   Tip 손으로 분할 시 기술점수를 받을 수 있다.

02 마가린을 제외한 모든 재료를 넣고 믹싱하다가
   클린업 단계에서 마가린을 넣는다.

06 매끄럽게 둥글리기를 한다.

03 최종 단계까지 믹싱한다.

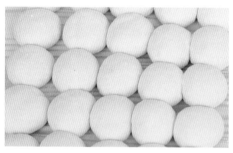

07 실온에서 10~20분 동안 중간 발효를 한다.

04 반죽온도를 27℃로 맞춘 후 온도 27℃, 습도
   75~80%에서 40~50분 동안 1차 발효를 한다.

08 [08~11 토핑 만들기]
   거품기를 이용하여 마가린과 땅콩버터를 부드
   럽게 풀어준다.

09 소금, 설탕, 물엿을 넣고 크림화한다.

13 반죽을 소보로 위에 올리고 손으로 힘껏 누른다. 소보로를 골고루 묻히면서 전체 무게를 80g으로 맞춘다.

10 달걀을 넣으며 섞일 정도까지 크림화한다.

Tip 크림화를 너무 많이 하면 질어지거나 뭉쳐지는(갈라지지 않는) 현상이 생긴다.

14 철판에 팬닝 후 동그란 모양을 잡아주고 윗부분을 살짝 눌러준다.

Tip 토핑물이 많으면 주저앉거나 윗면이 갈라지지 않는다.

윗면이 갈라져요.

11 체질한 가루재료(중력분, 탈지분유, 베이킹파우더)를 살짝만 혼합하고 노란색이 될 때까지 손으로 보슬보슬 비벼준다.

15 온도 35~40℃, 습도 85~90%에서 20~25분 동안 2차 발효를 한다.

12 [12~16 제품 만들기]
바닥에 소보로를 적당히 깔고 중간 발효된 반죽을 재둥글리기하여 가스를 뺀 후 살짝 물을 적신다.

16 윗불 190℃, 아랫불 160℃에서 12~15분 동안 굽는다.

단팥빵(비상스트레이트법)

 시험시간
3시간

 반죽방법
비상스트레이트법

 오븐온도
190℃/170℃

How to Make

배 합 표

비율(%)	재료명	무게(g)
100	강력분	900
48	물	432
7	이스트	63(64)
1	제빵개량제	9(8)
2	소금	18
16	설탕	144
12	마가린	108
3	탈지분유	27(28)
15	달걀	135(136)
204	계	1,836(1,838)

※ 충전용 재료는 계량시간에서 제외

비율(%)	재료명	무게(g)
–	통팥앙금	1,440

요구사항

단팥빵(비상스트레이트법)을 제조하여 제출하시오.

① 배합표의 각 재료를 계량하여 재료별로 진열하시오(9분).

> • 재료계량(재료당 1분) → [감독위원 계량 확인] → 작품제조 및 정리정돈(전체 시험시간−재료계량시간)
> • 재료계량시간 내에 계량을 완료하지 못하여 시간이 초과된 경우 및 계량을 잘못한 경우는 추가의 시간 부여 없이 작품제조 및 정리정돈 시간을 활용하여 요구사항의 무게대로 계량
> • 달걀의 계량은 감독위원이 지정하는 개수로 계량

② 반죽은 비상스트레이트법으로 제조하시오(단, 유지는 클린업 단계에 첨가하고, 반죽온도는 30℃로 한다).

③ 반죽 1개의 분할무게는 50g, 팥앙금 무게는 40g으로 제조하시오.

④ 반죽은 24개를 성형하여 제조하고, 남은 반죽은 감독위원의 지시에 따라 별도로 제출하시오.

주요공정 Check

재료계량	반죽	발효	굽기
• 시간 내에 계량 • 정리정돈	• 유지 투입: 클린업 단계 • 믹싱 단계: 최종 단계보다 20~25% 더 믹싱 • 반죽온도: 30℃	• 1차 발효: 15~30분 • 2차 발효: 20~30분	• 온도: 190℃/170℃ • 시간: 10~15분

01 재료를 시간 내에 정확하게 계량한다.

02 마가린과 팥앙금을 제외한 모든 재료를 넣고 믹싱하다가 클린업 단계에서 마가린을 넣는다.

03 최종 단계에서 20~25% 더 믹싱한다.

04 비상스트레이트법이므로 반죽온도는 30℃로 한다.

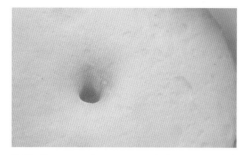

05 온도 30℃, 습도 75~80%에서 15~30분 동안 1차 발효를 한다.

Tip 비상스트레이트법이므로 일반 빵보다 1차 발효를 적게 한다.

06 손(또는 스크래퍼)으로 50g씩 분할한다.

Tip 손으로 분할 시 기술점수를 받을 수 있다.

07 매끄럽게 둥글리기를 한다.

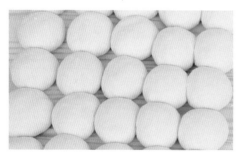

08 실온에서 10~15분 동안 중간 발효를 한다.

09 헤라를 이용하여 팥앙금을 40g씩 넣는다.

> Tip 앙금은 미리 소분해두면 시간이 절약되고, 소분하지 않고 바로 충전 시 숙련도 점수가 높게 나온다.

10 이음매가 터지지 않도록 잘 봉합한다.

> Tip 헤라를 손으로 잡은 상태에서 봉합해야 시간을 절약할 수 있다.

11 성형이 끝난 후 12개는 단팥이 상하좌우로 고루 분포되도록 반죽 중앙을 눌러준다(감독위원의 지시에 따른다).

> Tip 돌려서 구멍을 뚫지 않는다.

12 온도 35~40℃, 습도 85~90%에서 20~30분 동안 2차 발효를 한다.

> Tip 2차 발효가 끝나면 윗면을 말린 후 손가락으로 중앙부분을 살짝 눌러준다.

13 윗불 190℃, 아랫불 170℃에서 10~15분 동안 굽는다.

> Tip 오븐이나 발효 정도에 따라 약간의 색 차이가 있을 수 있으므로 상황에 따라 조절한다.

통밀빵

 시험시간
3시간 30분

 반죽방법
스트레이트법

오븐온도
190℃/160℃

How to Make

비율(%)	재료명	무게(g)
80	강력분	800
20	통밀가루	200
2.5	이스트	25
1	제빵개량제	10
63~65	물	630~650
1.5	소금	15(14)
3	설탕	30
7	버터	70
2	탈지분유	20
1.5	몰트액	15(14)
181.5~180.5	계	1,815(1,813)~1,805(1,803)

※ 토핑용 재료는 계량시간에서 제외

비율(%)	재료명	무게(g)
–	오트밀	200

요구사항

통밀빵을 제조하여 제출하시오.

① 배합표의 각 재료를 계량하여 재료별로 진열하시오(10분). (단, 토핑용 오트밀은 계량시간에서 제외한다)

- 재료계량(재료당 1분) → [감독위원 계량 확인] → 작품제조 및 정리정돈(전체 시험시간−재료계량시간)
- 재료계량시간 내에 계량을 완료하지 못하여 시간이 초과된 경우 및 계량을 잘못한 경우는 추가의 시간 부여 없이 작품제조 및 정리정돈 시간을 활용하여 요구사항의 무게대로 계량
- 달걀의 계량은 감독위원이 지정하는 개수로 계량

② 반죽은 스트레이트법으로 제조하시오.
③ 반죽온도는 25℃를 표준으로 하시오.
④ 표준분할무게는 200g으로 하시오.
⑤ 제품의 형태는 밀대(봉)형(22~23cm)으로 제조하고, 표면에 물을 발라 오트밀을 보기 좋게 적당히 묻히시오.
⑥ 8개를 성형하여 제출하고 남은 반죽은 감독위원의 지시에 따라 별도로 제출하시오.

**주요공정
Check**

재료계량 > 반죽 > 발효 > 굽기

- 시간 내에 계량
- 정리정돈

- 유지 투입: 클린업 단계
- 믹싱 단계: 발전 단계
- 반죽온도: 25℃

- 1차 발효: 50~60분
- 2차 발효: 30~40분

- 온도: 190℃/160℃
- 시간: 20분 전후

01 재료를 시간 내에 정확하게 계량한다.

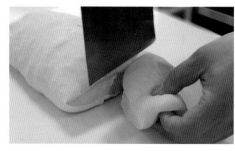

05 스크래퍼를 이용하여 200g씩 분할한다.

02 버터를 제외한 모든 재료를 넣고 믹싱하다가 클린업 단계에서 버터를 넣고 발전 단계까지 믹싱한다.

Tip 몰트액은 물에 녹여서 넣는다.

06 매끄럽게 둥글리기를 한다.

03 반죽온도는 25℃로 한다.

07 실온에서 10~20분 동안 중간 발효를 한다.

04 온도 27℃, 습도 70~80%에서 50~60분 동안 1차 발효를 한다.

08 밀대로 반죽을 밀어 편 후 3겹 접기를 한다.

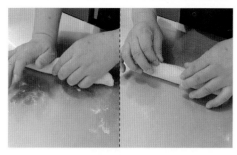

09 22~23cm의 밀대(봉)형으로 성형한다.

▼ Tip 길이는 일정하게 성형하고 이음매 봉합을 잘해야 터지거나 벌어지지 않는다.

10 붓(또는 스프레이)으로 윗면과 옆면에 물을 묻힌다.

▼

11 오트밀을 고르게 묻힌다.

▼

12 철판에 팬닝을 한다.

▼ Tip 팬닝 시 적절한 간격을 유지해야 한다.

13 온도 35~40℃, 습도 85~90%에서 30~40분 동안 2차 발효를 한다.

▼ Tip 팬을 흔들었을 때 반죽이 흔들리면 2차 발효가 완료된 상태이다.

14 윗불 190℃, 아랫불 160℃에서 20분 전후로 굽는다.

뜨거운 가마 속에서 구워낸 도자기는
결코 빛이 바래는 일이 없다.

이와 마찬가지로 고난의 아픔에 단련된 사람의 인격은
영원히 변하지 않는다.

고난은 사람을 만드는 법이다.

– 쿠노 피셔(Kuno Fischer)

호밀빵

시험시간
3시간 30분

반죽방법
스트레이트법

오븐온도
190℃/180℃ → 180℃/160℃

배 합 표

비율(%)	재료명	무게(g)
70	강력분	770
30	호밀가루	330
3	이스트	33
1	제빵개량제	11(12)
60~65	물	660~715
2	소금	22
3	황설탕	33(34)
5	쇼트닝	55(56)
2	탈지분유	22
2	몰트액	22
178~183	계	1,958(1,961)~2,013(2,016)

요구사항

호밀빵을 제조하여 제출하시오.

① 배합표의 각 재료를 계량하여 재료별로 진열하시오(10분).

- 재료계량(재료당 1분) → [감독위원 계량 확인] → 작품제조 및 정리정돈(전체 시험시간−재료계량시간)
- 재료계량시간 내에 계량을 완료하지 못하여 시간이 초과된 경우 및 계량을 잘못한 경우는 추가의 시간 부여 없이 작품제조 및 정리정돈 시간을 활용하여 요구사항의 무게대로 계량
- 달걀의 계량은 감독위원이 지정하는 개수로 계량

② 반죽은 스트레이트법으로 제조하시오.
③ 반죽온도는 25℃를 표준으로 하시오.
④ 표준분할무게는 330g으로 하시오.
⑤ 제품의 형태는 타원형(럭비공 모양)으로 제조하고, 칼집 모양을 가운데 일자로 내시오.
⑥ 반죽은 전량을 사용하여 성형하시오.

주요공정 Check

재료계량 > 반죽 > 발효 > 굽기

- 시간 내에 계량
- 정리정돈

- 유지 투입: 클린업 단계
- 믹싱 단계: 발전 단계
- 반죽온도: 25℃

- 1차 발효: 70~90분
- 2차 발효: 30~40분

190℃/180℃에서 10분
→ 180℃/160℃에서
15~20분

01 재료를 시간 내에 정확하게 계량한다.

05 밀대를 이용하여 반죽을 밀어 펴 가스를 뺀다.

02 쇼트닝을 제외한 모든 재료를 넣고 믹싱하다가 클린업 단계에서 쇼트닝을 넣은 후 발전 단계까지 믹싱한다.

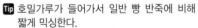
Tip 호밀가루가 들어가서 일반 빵 반죽에 비해 짧게 믹싱한다.

06 윗부분보다 아랫부분의 간격을 더 넓게 한 후 위에서부터 말아준다.

03 반죽온도를 25℃로 맞춘 후 온도 27℃, 습도 75~80%에서 1시간 10분~1시간 30분 동안 1차 발효를 한다.

07 이음매 부분이 터지지 않도록 잘 봉합하고 온도 35~40℃, 습도 85~90%에서 30~40분 동안 2차 발효를 한다.

04 330g씩 분할하여 둥글리기를 한 후 실온에서 10~20분 동안 중간 발효를 한다.

08 반죽 표면을 살짝 말리고 칼집을 넣는다.
Tip 칼을 사선으로 잡고 가운데를 일자로 자른다. 칼집을 너무 깊게 넣으면 가운데가 너무 많이 벌어진다.

09 스프레이를 이용하여 물을 뿌려준다.

10 윗불 190℃, 아랫불 180℃로 10분 정도 굽다가
윗불 180℃, 아랫불 160℃로 낮추어 15~20분
정도 더 굽는다.

Tip 윗면이 갈라지고 색이 나기 시작하면 온도를
낮춘다.

모카빵

 시험시간
3시간 30분

 반죽방법
스트레이트법

오븐온도
190℃/160℃

How to Make

반죽

비율(%)	재료명	무게(g)
100	강력분	850
45	물	382.5(382)
5	이스트	42.5(42)
1	제빵개량제	8.5(8)
2	소금	17(16)
15	설탕	127.5(128)
12	버터	102
3	탈지분유	25.5(26)
10	달걀	85(86)
1.5	커피	12.75(12)
15	건포도	127.5(128)
209.5	계	1,780.75(1,780)

토핑용 비스킷(※ 계량시간에서 제외)

비율(%)	재료명	무게(g)
100	박력분	350
20	버터	70
40	설탕	140
24	달걀	84
1.5	베이킹파우더	5.25(5)
12	우유	42
0.6	소금	2.1(2)
198.1	계	693.35(693)

요구사항

모카빵을 제조하여 제출하시오.

① 배합표의 빵 반죽 재료를 계량하여 재료별로 진열하시오(11분).

- 재료계량(재료당 1분) → [감독위원 계량 확인] → 작품제조 및 정리정돈(전체 시험시간−재료계량시간)
- 재료계량시간 내에 계량을 완료하지 못하여 시간이 초과된 경우 및 계량을 잘못한 경우는 추가의 시간 부여 없이 작품제조 및 정리정돈 시간을 활용하여 요구사항의 무게대로 계량
- 달걀의 계량은 감독위원이 지정하는 개수로 계량

② 반죽은 스트레이트법으로 제조하시오(단, 유지는 클린업 단계에서 첨가하시오).
③ 반죽온도는 27℃를 표준으로 하시오.
④ 반죽 1개의 분할무게는 250g, 1개당 비스킷은 100g씩으로 제조하시오.
⑤ 제품의 형태는 타원형(럭비공 모양)으로 제조하시오.
⑥ 토핑용 비스킷은 주어진 배합표에 따라 직접 제조하시오.
⑦ 완성품 6개를 제출하고 남은 반죽은 감독위원 지시에 따라 별도로 제출하시오.

주요공정 Check

재료계량 > 반죽 > 발효 > 굽기

- 시간 내에 계량
- 정리정돈

- 유지 투입: 클린업 단계
- 믹싱 단계: 최종 단계
- 반죽온도: 27℃

- 1차 발효: 40~50분
- 2차 발효: 30분 전후

- 온도: 190℃/160℃
- 시간: 25~30분

01 재료를 시간 내에 정확하게 계량한다.

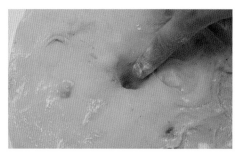

05 반죽온도를 27℃로 맞춘 후 온도 27℃, 습도 75~80%에서 40~50분 동안 1차 발효를 한다.

02 건포도를 물로 전처리한 후 체에 거른다.

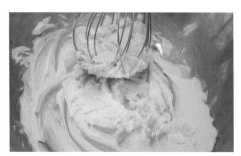

06 [06~10 비스킷 만들기] 버터를 풀어준다.

03 건포도와 버터를 제외한 모든 재료를 넣고 믹싱 하다가 클린업 단계에서 버터를 넣고 최종 단계 까지 믹싱한다.

07 설탕, 소금을 넣고 크림화한다.

04 최종 단계에서 물기를 제거한 건포도를 넣고 골 고루 섞일 때까지 저속으로 섞는다.
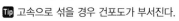
Tip 고속으로 섞을 경우 건포도가 부서진다.

08 달걀을 나누어 넣으면서 크림화한다.

09 체질한 가루재료(박력분, 베이킹파우더)를 넣고 가볍게 섞다가 우유를 넣고 섞는다.

Tip 너무 많이 섞으면 글루텐이 생겨 윗면이 갈라지지 않는다.

10 비닐에 싸서 밀봉한 후 30분 정도 냉장휴지시킨다.

11 [11~16 제품 만들기]
250g씩 분할하여 둥글리기를 한 후 실온에서 10~20분 동안 중간 발효를 한다.

Tip 건포도가 윗부분에 올라오지 않도록 주의한다.

12 비스킷을 100g씩 분할하여 살짝 치댄다.

13 반죽을 밀대로 밀어 편 후 타원형으로 말아 이음매를 잘 봉합한다.

14 비스킷을 밀대로 밀고, 붓(또는 스프레이)으로 반죽 위에 물을 바른다.

15 비스킷이 반죽의 바닥까지 거의 덮일 정도로 씌운 후 온도 35~40℃, 습도 85~90%에서 30분 전후로 2차 발효를 한다.

16 윗불 190℃, 아랫불 160℃에서 25~30분 동안 굽는다.

Tip 옆면까지 색이 나고 윗면은 갈라져야 한다.

그리시니

시험시간
2시간 30분

반죽방법
스트레이트법

오븐온도
200℃/150℃

비율(%)	재료명	무게(g)
100	강력분	700
1	설탕	7(6)
0.14	건조 로즈마리	1(2)
2	소금	14
3	이스트	21(22)
12	버터	84
2	올리브유	14
62	물	434
182.14	계	1,275(1,276)

그리시니를 제조하여 제출하시오.

① 배합표의 각 재료를 계량하여 재료별로 진열하시오(8분).

- 재료계량(재료당 1분) → [감독위원 계량 확인] → 작품제조 및 정리정돈(전체 시험시간−재료계량시간)
- 재료계량시간 내에 계량을 완료하지 못하여 시간이 초과된 경우 및 계량을 잘못한 경우는 추가의 시간 부여 없이 작품제조 및 정리정돈 시간을 활용하여 요구사항의 무게대로 계량
- 달걀의 계량은 감독위원이 지정하는 개수로 계량

② 전 재료를 동시에 투입하여 믹싱하시오(스트레이트법).
③ 반죽온도는 27℃를 표준으로 하시오.
④ 분할무게는 30g, 길이는 35~40cm로 성형하시오.
⑤ 반죽은 전량을 사용하여 성형하시오.

재료계량 > 반죽 > 발효 > 굽기

- 시간 내에 계량
- 정리정돈

- 모든 재료를 동시에 투입
- 믹싱 단계: 발전 단계
- 반죽온도: 27℃

- 1차 발효: 15~30분
- 2차 발효: 20분 전후

- 온도: 200℃/150℃
- 시간: 15~20분

01 재료를 시간 내에 정확하게 계량한다.

02 로즈마리는 칼로 살짝 잘라서 믹싱할 때 같이 넣는다.

Tip 손으로 부수어서 넣어도 된다.

03 버터를 포함한 전 재료를 넣고 발전 단계까지 믹싱한다.

04 반죽온도를 27℃로 맞춘 후 온도 27℃, 습도 75~80%에서 15~30분 동안 1차 발효를 한다.

05 30g씩 분할하고 둥글리기를 한 후 실온에서 10~20분 동안 중간 발효를 한다.

Tip 손으로 분할 시 기술점수를 받을 수 있다.

06 반죽을 손바닥으로 눌러 납작하게 만든 후 돌돌 말아 스틱형으로 만든다.

07 중간 성형을 한 후 10~20분 동안 중간 발효를 한다.

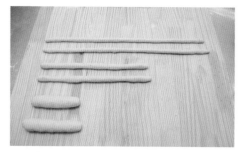

08 한 번에 밀어 펴지 말고 세번에 나누어 35~ 40cm로 밀어 편다.

Tip 끝부분을 뾰족하게 누르지 않는다.

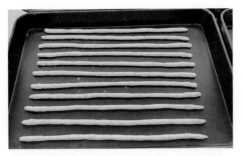

09 팬닝한 후 온도 35~40℃, 습도 85~90%에서 20분 전후로 2차 발효를 한다.

Tip 두께와 굵기가 일정해야 오븐에서 구웠을 때 비슷한 색깔이 난다.

10 윗불 200℃, 아랫불 150℃에서 20분 전후로 굽는다.

Tip 약간 높은 온도에서 구워야 황금갈색이 나며 구웠을 때 바삭한 느낌이 난다.

소시지빵

 시험시간
3시간 30분

 반죽방법
스트레이트법

오븐온도
190℃/160℃

How to Make

반죽

비율(%)	재료명	무게(g)
80	강력분	560
20	중력분	140
4	생이스트	28
1	제빵개량제	6
2	소금	14
11	설탕	76
9	마가린	62
5	탈지분유	34
5	달걀	34
52	물	364
189	계	1,318

토핑 및 충전물(※ 계량시간에서 제외)

비율(%)	재료명	무게(g)
100	프랑크소시지	480
72	양파	336
34	마요네즈	158
22	피자치즈	102
24	케첩	112
252	계	1,188

요구사항

소시지빵을 제조하여 제출하시오.

① 반죽 재료를 계량하여 재료별로 진열하시오(10분). (토핑 및 충전물 재료의 계량은 휴지시간을 활용하시오)

- 재료계량(재료당 1분) → [감독위원 계량 확인] → 작품제조 및 정리정돈(전체 시험시간−재료계량시간)
- 재료계량시간 내에 계량을 완료하지 못하여 시간이 초과된 경우 및 계량을 잘못한 경우는 추가의 시간 부여 없이 작품제조 및 정리정돈 시간을 활용하여 요구사항의 무게대로 계량
- 달걀의 계량은 감독위원이 지정하는 개수로 계량

② 반죽은 스트레이트법으로 제조하시오.
③ 반죽온도는 27℃를 표준으로 하시오.
④ 분할무게는 70g씩 분할하시오.
⑤ 완제품(토핑 및 충전물 완성)은 12개를 제조하여 제출하시오.
⑥ 충전물은 발효시간을 활용하여 제조하시오.
⑦ 정형 모양은 낙엽 모양 6개와 꽃잎 모양 6개씩 2가지로 만들어서 제출하시오.

주요공정 Check

재료계량 > 반죽 > 발효 > 굽기

- 시간 내에 계량
- 정리정돈

- 유지 투입: 클린업 단계
- 믹싱 단계: 최종 단계
- 반죽온도: 27℃

- 1차 발효: 40~50분
- 2차 발효: 20~30분

- 온도: 190℃/160℃
- 시간: 15~20분

01 재료를 시간 내에 정확하게 계량한다.

02 마가린을 제외한 모든 재료를 넣고 믹싱하다가 클린업 단계에서 마가린을 넣고 믹싱한다.

03 최종 단계까지 믹싱한다.

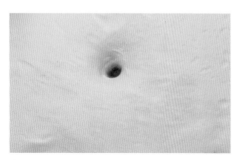

04 반죽온도를 27℃로 맞춘 후 온도 27℃, 습도 75~80%에서 40~50분 동안 1차 발효를 한다.

05 손(또는 스크래퍼)으로 70g씩 분할하여 둥글리기를 한 후 실온에서 10~20분 동안 중간 발효를 한다.

Tip 손으로 분할 시 기술점수를 받을 수 있다.

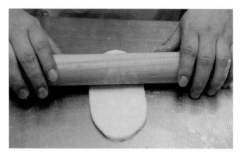

06 밀대를 이용하여 반죽을 길게 밀어 가스를 뺀다.

07 소시지를 넣고 이음매를 봉합한 후 이음매가 밑으로 가도록 하여 한 팬에 6개씩 사선으로 팬닝한다.

08 낙엽 모양은 가위를 최대한 눕혀서 9~10등분으로 자른 후 펼쳐 모양을 낸다.

Tip 소시지를 자를 때 가위를 최대한으로 눕혀서 양쪽 대칭이 맞게 잘라야 한다.

09 꽃잎 모양은 8~9등분으로 자른 후 앞의 반죽을 안에 넣고 동그랗게 펼쳐서 모양을 낸다.

Tip 원형으로 만들 때는 처음 자른 반죽을 안으로 넣어줘야 충전물을 올리기 쉽다.

10 온도 35~40℃, 습도 85~90%에서 20~30분 동안 2차 발효를 한다.

11 양파를 씻은 후 균일하게 자른다.

12 양파에 마요네즈를 섞는다.

Tip 양파는 마요네즈와 미리 버무려두면 물이 나오기 때문에 반죽이 2차 발효에 들어간 후 버무린다.

13 2차 발효된 반죽의 가운데로 양파(충전물)를 올린 후 그 위에 피자치즈를 올린다.

Tip 양파는 소시지의 2/3 정도 덮히도록 올린다.

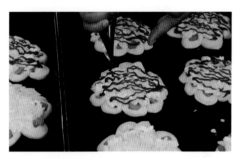

14 비닐 짤주머니에 케첩을 담은 후 일정하게 짜준다.

15 윗불 190℃, 아랫불 160℃에서 15~20분 동안 굽는다.

Tip 식기 전에는 토핑이 흘러내릴 수 있으므로 철판에서 약간 식힌 후 타공팬으로 옮긴다.

베이글

 시험시간
3시간 30분

 반죽방법
스트레이트법

 오븐온도
200℃/170℃

How to Make

비율(%)	재료명	무게(g)
100	강력분	800
55~60	물	440~480
3	이스트	24
1	제빵개량제	8
2	소금	16
2	설탕	16
3	식용유	24
166~171	계	1,328~1,368

요구사항

베이글을 제조하여 제출하시오.

❶ 배합표의 각 재료를 계량하여 재료별로 진열하시오(7분).

- 재료계량(재료당 1분) → [감독위원 계량 확인] → 작품제조 및 정리정돈(전체 시험시간−재료계량시간)
- 재료계량시간 내에 계량을 완료하지 못하여 시간이 초과된 경우 및 계량을 잘못한 경우는 추가의 시간 부여 없이 작품제조 및 정리정돈 시간을 활용하여 요구사항의 무게대로 계량
- 달걀의 계량은 감독위원이 지정하는 개수로 계량

❷ 반죽은 스트레이트법으로 제조하시오.
❸ 반죽온도는 27℃를 표준으로 하시오.
❹ 1개당 분할무게는 80g으로 하고 링 모양으로 정형하시오.
❺ 반죽은 전량을 사용하여 성형하시오.
❻ 2차 발효 후 끓는 물에 데쳐 팬닝하시오.
❼ 팬 2개에 완제품 16개를 구워 제출하고 남은 반죽은 감독위원의 지시에 따라 별도로 제출하시오.

주요공정 Check

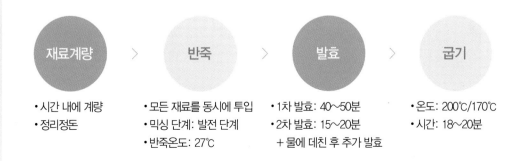

재료계량 > 반죽 > 발효 > 굽기

- •시간 내에 계량
- •정리정돈

- •모든 재료를 동시에 투입
- •믹싱 단계: 발전 단계
- •반죽온도: 27℃

- •1차 발효: 40~50분
- •2차 발효: 15~20분
  + 물에 데친 후 추가 발효

- •온도: 200℃/170℃
- •시간: 18~20분

01 재료를 시간 내에 정확하게 계량한다.

02 모든 재료를 넣고 발전 단계까지 믹싱한다.

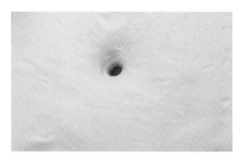

03 반죽온도를 27℃로 맞춘 후 온도 27℃, 습도 75~80%에서 40~50분 동안 1차 발효를 한다.
   Tip 베이글은 일반 빵에 비해 발효를 약간 덜 하는 것이 좋다.

04 손(또는 스크래퍼)으로 80g씩 분할하여 둥글리기를 한다.
   Tip 손으로 분할 시 기술점수를 받을 수 있다.

05 실온에서 10~20분 동안 중간 발효를 한다.

06 밀대를 이용하여 반죽을 길게 밀어 가스를 뺀다.
   Tip 된 반죽이므로 덧가루를 최소화한다.

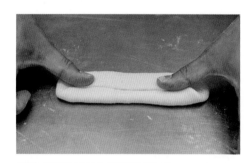

07 반죽의 윗면과 아랫면을 접는다.

08 반죽을 접어주면서 가스를 뺀다.

09 20cm 길이의 두께가 일정한 막대 모양으로 민다.

10 이음매를 위로 뒤집어 끝부분을 밀대로 얇게 밀어 편다.

11 얇게 민 부분으로 반대쪽 끝을 감싼다.
▼ **Tip** 이음매를 위쪽으로 한다.

12 떨어지지 않도록 이음매를 봉합하여 일정한 원형이 되도록 한다.

13 동일한 크기의 원형이 되도록 모양을 잡아준다.

14 한 팬에 8개씩 일정한 간격으로 팬닝한다.
Tip 팬닝할 때 밑면에 덧가루를 살짝 묻히면 철판에서 떼어내기 쉽고, 모양이 흐트러지는 것을 방지할 수 있다.

15 온도 35~40℃, 습도 85~90%에서 15~20분 동안 2차 발효를 한다.
▼ **Tip** 2차 발효가 오버되지 않도록 한다.

16 실온에서 표면을 살짝 건조시킨 후 끓는 물에 앞·뒤로 데친다.
▼ **Tip** 앞·뒤로 각각 10초 정도만 데친다.

17 물기를 뺀 후 이음매가 아래로 가도록 다시 팬
닝을 한다.

> **Tip** 감독위원의 지시에 따라 실온에서 10분 또
> 는 발효실에서 5분 정도 추가 발효를 한다.
> 데친 후 추가 발효를 하지 않는 경우 1차 발
> 효를 길게 한다.

18 윗불 200℃, 아랫불 170℃에서 18~20분 동안
굽는다.

> **Tip** 윗면이 단단하고 광택이 나야 된다.

"젊을 때 도전하라"라는
구글 회장의 말은 틀렸다.
도전할 때 젊은 것이다.

– 김은주, 『1cm+』, 허밍버드

스위트 롤

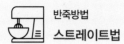

🕐 시험시간
3시간 30분

🍳 반죽방법
스트레이트법

🔥 오븐온도
200℃/160℃

비율(%)	재료명	무게(g)
100	강력분	900
46	물	414
5	이스트	45(46)
1	제빵개량제	9(10)
2	소금	18
20	설탕	180
20	쇼트닝	180
3	탈지분유	27(28)
15	달걀	135(136)
212	계	1,908(1,912)

※ 충전용 재료는 계량시간에서 제외

비율(%)	재료명	무게(g)
15	설탕	135(136)
1.5	계핏가루	13.5(14)

스위트 롤을 제조하여 제출하시오.

❶ 배합표의 각 재료를 계량하여 재료별로 진열하시오(9분).

- 재료계량(재료당 1분) → [감독위원 계량 확인] → 작품제조 및 정리정돈(전체 시험시간−재료계량시간)
- 재료계량시간 내에 계량을 완료하지 못하여 시간이 초과된 경우 및 계량을 잘못한 경우는 추가의 시간 부여 없이 작품제조 및 정리정돈 시간을 활용하여 요구사항의 무게대로 계량
- 달걀의 계량은 감독위원이 지정하는 개수로 계량

❷ 반죽은 스트레이트법으로 제조하시오(단, 유지는 클린업 단계에 첨가하시오).

❸ 반죽온도는 27℃를 표준으로 사용하시오.

❹ 야자잎형 12개, 트리플리프(세 잎새형) 9개를 만드시오.

❺ 계피설탕은 각자가 제조하여 사용하시오.

❻ 성형 후 남은 반죽은 감독위원의 지시에 따라 별도로 제출하시오.

재료계량 > 반죽 > 발효 > 굽기

- 시간 내에 계량
- 정리정돈

- 유지 투입: 클린업 단계
- 믹싱 단계: 최종 단계
- 반죽온도: 27℃

- 1차 발효: 40~50분
- 2차 발효: 25~30분

- 온도: 200℃/160℃
- 시간: 10~15분

01 재료를 시간 내에 정확하게 계량한다.

02 쇼트닝을 제외한 모든 재료를 넣고 믹싱하다가 클린업 단계에서 쇼트닝을 넣는다.

03 최종 단계까지 믹싱한다.

04 반죽온도를 27℃로 맞춘 후 온도 27℃, 습도 75 ~80%에서 40~50분 동안 1차 발효를 한다.

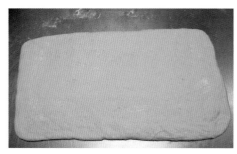

05 세로 40cm, 두께 0.5cm 정도의 직사각형으로 밀어 편다.
　Tip 2개로 나눠서 만들어도 된다.

06 가장자리 1cm만 남기고 녹인 버터를 두껍지 않게 바른다.

07 충전용 설탕과 계핏가루를 섞어 골고루 뿌려 준다.
　Tip 계피설탕이 너무 적으면 줄무늬가 뚜렷하지 않고, 너무 많으면 쉽게 벌어질 수 있다.

08 원통형으로 단단하게 말아준다.

09 남은 1cm에 용해한 버터나 물을 바른 후 이음매 부분이 터지지 않도록 잘 봉합한다.

13 트리플리프(세 잎새형)로 9개를 성형한 후 팬닝한다. 온도 35~40℃, 습도 85~90%에서 25~30분 동안 2차 발효를 한다.

10 약 4cm 길이로 자른 후 가운데를 2/3 정도 깊이로 자른다.

Tip 말기 후 굵기에 따라 자르는 길이를 조절한다.

14 윗불 200℃, 아랫불 160℃에서 10~15분 동안 굽는다.

Tip 오븐이나 발효 정도에 따라 약간의 색 차이가 있을 수 있으므로 상황에 따라 조절한다.

11 야자잎형으로 12개를 성형한 후 팬닝한다.

Tip 모양이 같은 것끼리 팬닝해야 2차 발효시간과 굽는 시간이 같아진다.

12 약 5cm 길이로 자른 후 3등분 간격이 되는 부분에서 각 2/3 정도 깊이로 자른다.

Tip 말기 후 굵기에 따라 자르는 길이를 조절한다.

빵도넛

시험시간
3시간

반죽방법
스트레이트법

기름온도
180～185℃

How to Make

비율(%)	재료명	무게(g)
80	강력분	880
20	박력분	220
10	설탕	110
12	쇼트닝	132
1.5	소금	16.5(16)
3	탈지분유	33(32)
5	이스트	55(56)
1	제빵개량제	11(10)
0.2	바닐라향	2.2(2)
15	달걀	165(164)
46	물	506
0.2	넛메그	2.2(2)
194	계	2,132.9(2,130)

요구사항

빵도넛을 제조하여 제출하시오.

❶ 배합표의 각 재료를 계량하여 재료별로 진열하시오(12분).

> • 재료계량(재료당 1분) → [감독위원 계량 확인] → 작품제조 및 정리정돈(전체 시험시간−재료계량시간)
> • 재료계량시간 내에 계량을 완료하지 못하여 시간이 초과된 경우 및 계량을 잘못한 경우는 추가의 시간 부여 없이 작품제조 및 정리정돈 시간을 활용하여 요구사항의 무게대로 계량
> • 달걀의 계량은 감독위원이 지정하는 개수로 계량

❷ 반죽을 스트레이트법으로 제조하시오(단, 유지는 클린업 단계에 첨가하시오).

❸ 반죽온도는 27℃를 표준으로 하시오.

❹ 분할무게는 46g씩으로 하시오.

❺ 모양은 8자형 22개와 트위스트형(꽈배기형) 22개로 만드시오.

❻ 남은 반죽은 감독위원의 지시에 따라 별도로 제출하시오.

주요공정 Check

재료계량 > 반죽 > 발효 > 튀기기

• 시간 내에 계량
• 정리정돈

• 유지 투입: 클린업 단계
• 믹싱 단계: 최종 단계
• 반죽온도: 27℃

• 1차 발효: 40~50분
• 2차 발효: 25~30분

• 기름온도: 180~185℃

01 재료를 시간 내에 정확하게 계량한다.

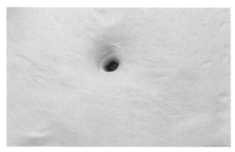

05 온도 27℃, 습도 75~80%에서 40~50분 동안
   1차 발효를 한다.

02 쇼트닝을 제외한 모든 재료를 넣고 믹싱하다가
   클린업 단계에서 쇼트닝을 넣는다.

06 46g씩 손(또는 스크래퍼)으로 분할한다.
   Tip 손으로 분할 시 기술점수를 받을 수 있다.

03 최종 단계까지 믹싱한다.

07 표면이 매끄럽게 둥글리기를 한다.

04 반죽온도는 27℃로 한다.

08 실온에서 10~20분 동안 중간 발효를 한다.

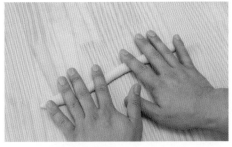

09 반죽을 30cm 정도로 늘인 후 8자형과 꽈배기형
으로 성형한다.

> Tip 동일한 모양끼리 성형하여 발효 완료시점이
> 같도록 한다.

10 온도 27℃, 습도 75~80%에서 25~30분 동안
2차 발효를 한다.

> Tip 모양 유지를 위해 일반 빵 반죽에 비해 2차
> 발효온도와 습도를 낮추고 시간을 짧게 한다.

11 기름은 2차 발효할 때 180~185℃로 예열한다.

> Tip 기름온도가 너무 높으면 빵이 부풀지 않아
> 부피가 작고, 식감이 좋지 않으며 덜 익을 수
> 있다.

12 2차 발효된 반죽을 실온에서 1~2분 정도 말린
후 두꺼운 부분을 잡고 벽을 타면서 넣는다.

> Tip 반죽의 표면을 살짝 건조시킨 다음 튀긴다.

13 한쪽 면의 색깔이 나면 한 번만 뒤집은 다음 튀
김망으로 건져내서 기름을 빼준다.

> Tip 튀길 때 옆면에 흰 선이 생겨야 발효가 잘된
> 반죽이며 여러 번 뒤집으면 흰 선이 생기지
> 않고 기름이 많이 흡수된다.

14 완성 시 옆면에 흰 선이 생기고 모양은 좌우가
대칭이 되어야 한다.

쌀식빵

 시험시간
3시간 40분

 반죽방법
스트레이트법

오븐온도
170℃/190℃

비율(%)	재료명	무게(g)
70	강력분	910
30	쌀가루	390
63	물	819(820)
3	이스트	39(40)
1.8	소금	23.4(24)
7	설탕	91(90)
5	쇼트닝	65(66)
4	탈지분유	52
2	제빵개량제	26
185.8	계	2,415.4(2,418)

요구사항

쌀식빵을 제조하여 제출하시오.

① 배합표의 각 재료를 계량하여 재료별로 진열하시오(9분).

- 재료계량(재료당 1분) → [감독관 계량 확인] → 작품제조 및 정리정돈(전체 시험시간 – 재료계량시간)
- 재료계량시간 내에 계량을 완료하지 못하여 시간이 초과된 경우 및 계량을 잘못한 경우는 추가의 시간 부여 없이 작품제조 및 정리정돈시간을 활용하여 요구사항의 무게대로 계량
- 달걀의 계량은 감독위원이 지정하는 개수로 계량

② 반죽은 스트레이트법으로 제조하시오(단, 유지는 클린업 단계에서 첨가하시오).

③ 반죽온도는 27℃를 표준으로 하시오.

④ 분할무게는 198g씩으로 하고, 제시된 팬의 용량을 감안하여 결정하시오(단, 분할무게×3을 1개의 식빵으로 함).

⑤ 반죽은 전량을 사용하여 성형하시오.

주요공정 Check

재료계량 > 반죽 > 발효 > 굽기

- 시간 내에 계량
- 정리정돈

- 유지 투입: 클린업 단계
- 믹싱 단계: 발전 단계 후기
- 반죽온도: 27℃

- 1차 발효: 40~50분
- 2차 발효: 30분 전후 (팬 위로 1cm)

- 온도: 170℃/190℃
- 시간: 30분 전후

01 재료를 시간 내에 정확하게 계량한다.

05 온도 27℃, 습도 75~80%에서 40~50분 동안
1차 발효를 한다.

02 쇼트닝을 제외한 모든 재료를 믹싱하다가 클린
업 단계에서 쇼트닝을 넣는다.

06 198g씩 분할하여 둥글리기를 한다.

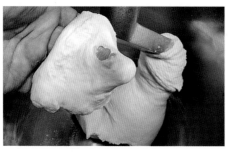

03 발전 단계까지 믹싱한다.
Tip 쌀가루에는 글루텐이 없기 때문에 발전 단
계까지만 믹싱을 한다.

07 실온에서 10~15분 동안 중간 발효를 한다.

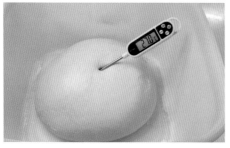

04 반죽온도는 27℃로 한다.

08 밀대로 반죽을 밀어 펴 가스를 뺀다.

09 3겹 접기를 한다.

10 밀대로 다시 3겹 접기한 부분을 밀어 편다.

11 끝부분부터 반죽을 말아준다.

12 이음매 부분이 터지지 않도록 잘 봉합한다.

13 이음매가 바닥으로 향하게 3개씩 팬닝하고 아랫부분에 공간이 남지 않도록 윗부분을 살짝 눌러준다.

14 온도 35~40℃, 상대습도 85~90%에서 30분 전후로 2차 발효를 한다(팬 위로 0.5cm 정도 올라온 상태). 윗불 170℃, 아랫불 190℃에서 30분 전후로 굽는다.

　Tip 제품이 전체적으로 황금갈색이 나오지 않으면 제품을 식히는 과정에서 주저 앉는다.

내가 꿈을 이루면
나는 누군가의 꿈이 된다.

– 이도준

여러분의 작은 소리
에듀윌은 크게 듣겠습니다.

본 교재에 대한 여러분의 목소리를 들려주세요.
공부하시면서 어려웠던 점, 궁금한 점,
칭찬하고 싶은 점, 개선할 점, 어떤 것이라도 좋습니다.

에듀윌은 여러분께서 나누어 주신 의견을
통해 끊임없이 발전하고 있습니다.

에듀윌 도서몰 book.eduwill.net
- 부가학습자료 및 정오표: 에듀윌 도서몰 → 도서자료실
- 교재 문의: 에듀윌 도서몰 → 문의하기 → 교재(내용, 출간) / 주문 및 배송

2024 에듀윌 제빵기능사 실기끝장

발 행 일	2024년 1월 18일 초판
편 저 자	오명석, 장다예, 박진홍
펴 낸 이	양형남
펴 낸 곳	(주)에듀윌
등록번호	제25100-2002-000052호
주 소	08378 서울특별시 구로구 디지털로34길 55
	코오롱싸이언스밸리 2차 3층

www.eduwill.net
대표전화 1600-6700